普通高等院校建筑专业"十三五"规划精品教材

专业表现技法 室内篇

Specialized Performance Technique about Interior Space

（第三版）

丛书审定委员会

何镜堂　仲德崑　张　颀　李保峰

赵万民　李书才　韩冬青　张军民

魏春雨　徐　雷　宋　昆

本书主审　章又新

本书主编　冯　柯

本书副主编

靳　满　黄东海　韩静霁　关　鹰

郭笑梅　裴葳蕤　廖方方　李　斌

华中科技大学出版社
http://www.hustp.com

内 容 提 要

专业表现技法 室内篇是高等院校建筑学专业和环境艺术设计专业的一门必修课程。本教材的编写以全国高等学校建筑学学科专业指导委员会颁发的专业培养目标为依据,紧跟时代的需求,加大了现代室内设计中新兴的或正在被广大设计师采用的表现技法的篇幅和力度,同时还注重科学性与实用性、表现技法训练的单调性与实际工程设计表现所需要的多样性的结合,新增了室内设计表现图的不同阶段训练的内容,尽量满足普通院校同类专业的需求,具有普适性。因此,本教材适用于高等院校建筑学专业和环境艺术设计专业的本、专科学生及建筑设计院和室内设计公司的设计从业人员。

图书在版编目(CIP)数据

专业表现技法. 室内篇 / 冯柯主编. —3 版. —武汉:华中科技大学出版社,2019.12

普通高等院校建筑专业"十三五"规划精品教材

ISBN 978-7-5680-4964-1

Ⅰ. ①专… Ⅱ. ①冯… Ⅲ. ①室内装饰设计—高等学校—教材 Ⅳ. ① TU2

中国版本图书馆 CIP 数据核字(2019)第 285530 号

专业表现技法 室内篇(第三版)　　　　　　　　　　　　　　　　　　　　　　冯 柯 主编
Zhuanye Biaoxian Jifa Shinei Pian(Di-san Ban)

责任编辑:叶向荣

装帧设计:原色设计

责任校对:周怡露

责任监印:朱 玢

出版发行:华中科技大学出版社(中国·武汉)　　　电话:(027)81321913

　　　　　武汉市东湖新技术开发区华工科技园　　　邮编:430223

录　　排:华中科技大学惠友文印中心

印　　刷:武汉科源印刷设计有限公司

开　　本:850mm×1060mm　1/16

印　　张:9

字　　数:247 千字

版　　次:2019 年 12 月第 3 版第 1 次印刷

定　　价:49.80 元

华中出版

本书若有印装质量问题,请向出版社营销中心调换

全国免费服务热线:400-6679-118 竭诚为您服务

版权所有侵权必究

总　　序

　　《管子》一书《权修》篇中有这样一段话："一年之计，莫如树谷；十年之计，莫如树木；百年之计，莫如树人。一树一获者，谷也；一树十获者，木也；一树百获者，人也。"这是管仲为富国强兵而重视培养人才的名言。

　　"十年树木，百年树人"即源于此。它的意思是说，培养人才是国家的百年大计，既十分重要，又不是短期内可以奏效的事。"百年树人"并不是非得100年才能培养出人才，而是比喻培养人才的远大意义，要重视这方面的工作，并且要预先规划，长期、不间断地进行。

　　当前，我国建筑业发展形势迅猛，急缺大量的建筑建工类应用型人才。全国各地建筑类学校以及设有建筑规划专业的学校众多，但能够做到既符合当前改革形势又适用于目前教学形式的优秀教材却很少。针对这种现状，亟需推出一系列切合当前教育改革需要的高质量优秀专业教材，以推动应用型本科教育办学体制和运作机制的改革，提高教育的整体水平，并且有助于加快改进应用型本科办学模式、课程体系和教学方法，形成具有多元化特色的教育体系。

　　这套教材整体导向正确，科学精练，编排合理，指导性、学术性、实用性和可读性强，符合学校、学科的课程设置要求。以建筑学科专业指导委员会的专业培养目标为依据，注重教材的科学性、实用性、普适性，尽量满足同类专业院校的需求。教材内容大力补充新知识、新技能、新工艺、新成果。注意理论教学与实践教学的搭配比例，结合目前教学课时减少的趋势适当调整了篇幅。根据教学大纲、学时、教学内容的要求，突出重点、难点，体现建设"立体化"精品教材的宗旨。

　　作者们以发展社会主义教育事业，振兴建筑类高等院校教育教学改革，促进建筑类高校教育教学质量的提高为己任，为发展我国高等建筑教育的理论、思想，对办学方针、体制，教育教学内容改革等进行了广泛深入的探讨，以提出新的理论、观点和主张。希望这套教材能够真实体现我们的初衷，真正能够成为精品教材，受到大家的认可。

中国工程院院士：何镜堂

前　　言

　　21 世纪以来，对有关建筑与室内设计的表现技法已经有了相当广泛的研究，诸多流派和风格的优秀作品层出不穷，极大地促进了建筑、美术、学术间的交流，同时也向建筑学与环境艺术设计专业的教学提出了新的挑战。因此，我们在不断研讨教学方法，总结教学经验的同时，以全国高等学校建筑学学科专业指导委员会颁发的专业培养目标为依据，推陈出新、与时俱进地编写与时代相适应的教学用书，促进兄弟院校之间的教学研讨与学术交流，这也是本书第三次增改教材内容的初衷。

　　建筑画随着时代快速发展，日新月异，它不仅是绘画艺术和技术完美结合的作品，而且是设计师与业主之间进行交流的最直观、最有效的手段。《专业表现技法　室内篇》从建筑学和环境艺术设计专业中室内设计的角度出发，根据现代建筑美术教学的实际需要，兼顾本系列丛书编撰内容的系统性，以深入浅出的语言和各种示范图例，循序渐进地阐述了室内表现图的艺术规律和表现技法，力图展示室内设计表现图独具的艺术价值。

　　2018 年我们又对教材进行了增改，首先根据时代对专业的室内表现图在技法、工具、材料上不断更新的需求，在表现技法阐述方面，突出表现技法的新颖性和时代性，充分展示和论述了马克笔、水粉、水彩表现技法，并由此推及一些常用的综合技法，加大现代室内设计中新兴的或正在被广大设计师采用的表现技法的篇幅，而适当缩减现代设计中已经很少采用到的表现技法，只是点到为止或使其进入立体化附件中。其次，教材新增选的范画更能满足时代发展的需求，也尽量做到形韵兼备，既有大家熟悉的表现形式，又有作者绘制的示例作品。同时，还注重阐述概念的科学性与实用性、表现技法训练的单调性与实际工程设计表现所需要的多样性的结合，新增了室内设计表现图的不同阶段训练的内容，尽量满足普通院校同类专业的需求，具有普适性。

　　本教材适用于高等院校建筑学专业和环境艺术设计专业的本、专科学生及建筑设计院和室内设计公司的设计从业人员。有关院校在使用中，可根据自己院校建筑美术教学的实际情况，有选择地将学习与参考、教学与自学、练习与鉴赏的内容有机地结合起来。在教材编撰过程中，得到了从事多年建筑、艺术设计、美术教学的专家、学者、教授同仁的大力支持，其中天津大学章又新教授为本教材做了主审工作，提出了许多宝贵意见，他严谨认真的研究态度让我非常感动。本教材第一章、第四章第一节、第五章第一节由河南大学土木建筑学院冯柯编写，第二章、第四章第二节由福建工程学院建筑与规划系黄东海编写，第四章第三节和第五章第二节由天津城建大学艺术系韩静霁编写，第三章由河北工业大学建筑与艺术学院关鹰、郭笑梅编写。河南大学土木建筑学院靳满和河南大学建筑与城市设计艺术专业硕士研究生廖方方，河南大学民生学院裴葳菽对本书第四章及第五章中部分插图进行了重新绘制与整理，河南大学土木建筑学院李斌为本教材各章节做了大量的编排整理工作，在此一并表示衷心的感谢！本教材由冯柯进行统稿，并担任主编，靳满、黄东海、韩静霁、关鹰、郭笑梅、裴葳蕤、廖方方、李斌担任副主编。

　　教材在编写过程中充分体现了院校间的通力协作精神，也汇集了大家不同风格和特色的设计作品，希望能够给国内的建筑学和环境艺术设计专业的学生更好的启迪与示范，对普及和提高广大设计者的表现技法有所裨益。本书的编写难免出现疏漏之处，恳盼同行和读者赐教指正。

主编：冯柯

2018 年 1 月于汴

目　　录

第一章 室内设计表现技法概述

1.1 室内设计表现技法的概念

　　室内设计表现图又称为室内设计效果图，是室内设计整体工程图纸中的一种，是室内设计中必不可少的表现形式。室内设计表现图是对建筑内部空间环境设计的综合表达，是客观现实中还不存在的意象图。它不仅能直接、形象、真实地表现出室内的空间结构，而且能准确地传达出设计师的创意理念，具有一定的专业性和较强的艺术感染力。而有关室内设计表现图的绘制方法和技巧，就称为室内设计表现技法。室内设计表现技法是设计师通过直观而形象的绘画形式来表达自己的设计理念，展示自己设计构思的视觉传达手段。

　　室内设计表现技法根据绘画的颜料、绘制工具的不同可以分为多种技法，如水粉技法表现、水彩技法表现、马克笔技法表现、钢笔技法表现、铅笔技法表现、喷绘技法表现、综合技法表现等，但不论室内设计表现图的技法有多么丰富，它始终是科学性和艺术性相统一的产物。表现图同其他绘画形式相比，具有速度快、形象逼真、立体感强等特点，所以，掌握绘制精美表现图的技巧是从事建筑室内外设计人员的基本功之一。

　　作为室内设计的表现图与写生绘画不同。写生绘画是照着实物写生，而表现图却是设计师抽象意象的具象表达。因而，对于室内设计人员来讲，把自己头脑中的构思变成形象逼真的效果图的过程，不仅要具备一定的绘画基本功，同时更主要的是具备较强的形象思维和空间想象能力。在表现图的草图阶段，设计师可对方案进行自我推敲，常用钢笔、铅笔等画出一些所需的表现草图，包括室内平、立、剖面的推敲以及空间界面的立体构思和造型设计，这些草图表现需要精练、快速和生动；这种形象直观的表现草图体现着设计师的造型能力和对形式的把握，也是设计师相互之间交流探讨的一种语言，它有利于设计过程中对空间造型的把握和整体设计的进一步深化。在表现图的定稿阶段，要求画面具有专业水准和较强的艺术感染力。多采用表现力充分、便于深入刻画的绘图工具和手段，比如水彩、水粉、马克笔以及综合技法等，去准确而精细地表现室内空间、造型、色彩、尺度、质感。因此，表现图在设计的不同阶段能起到不同的作用：既能够帮助设计人员全面地推敲空间，快速反映设计人员头脑中的创意构思，捕捉设计师瞬间的设计灵感，同时又能帮助设计人员推敲细部处理、调整色彩关系。应该说，绘制表现图是设计工作的必要补充，表现图质量的好坏，直接影响设计投标者的成败。要想在竞争中取胜，设计者不仅要有高水平的设计能力，还必须在表现图上下功夫，因此，掌握效果图的表现技法是十分必要的。

1.2　室内设计表现图的基本性质

室内设计表现图是表达设计方案和发展设计构思的重要手段。室内设计表现图必须先设计后表现，通过形象表现向观者诉说设计理念，而工程图纸中无法用图示语言表达的体量感、空间尺度、比例、材料质感、光感等，却可以借助室内设计表现图来补充。室内设计表现图是在二维设计的基础上发展设计内容，最终以三维形态的表现形式把设计方案完整地呈现在观者眼前。

室内设计表现图是一种描绘近似真实空间的绘画，也可以说是用绘画的方式进行设计创作。伴随着室内设计观念的变化，新的表现形式和方法层出不穷，但主要还是强调运用绘画工具，配合不同的表现技巧来体现不同的设计意图，它有别于纯计算机制图。如今，随着绘画新材料的出现，以及人们在用材及技法上的探索，表现图无论是从形式，还是从技巧上都较以往有很大的发展，使其在表现形式上异彩纷呈，但不管用怎样的表现形式、用怎样的表现手法，都不能改变它的基本性质——真实和准确。

一张好的室内设计表现作品，有其自身的艺术魅力。一个设计师艺术素养的高低，设计理念的好坏，也都能在其作品中表现得一目了然。因此，表现图水平的高低，不仅表现在绘画技巧上，更取决于设计师的审美素养。设计师的审美素养与其作品的质量，以及他本人的表现技能是密切相关的。设计师从设计构思到最终的表现，其表现的技能是需要一段长时间的训练和积累，诸如结构、功能、材料、构造及工程制图知识这些基本技能是共同的、必备的；同时还要有一定的素描功底、速写能力、色彩知识等的基本训练，这两方面结合才能构成较为全面的设计表达基本技能。但这些需要平时多读一些相关书籍，多进行归纳、总结，多分析一些优秀的工程实例，多进行设计上的思考；多动笔临摹一些中外优秀设计表现图；最后落实在动手能力的训练上。另外，就空间感觉和装饰造型而言，应注意培养自己对空间比例及尺度的把握能力，这点对把握画面大体空间感十分关键。那么，怎样才能算是一张很好的表现图呢？应从以下几个方面去衡量：

①画面透视的科学性；
②整体构图的舒适性；
③比例造型的美观性；
④色彩表现的得体性；
⑤工程实施的可行性。

1.3　室内设计表现图的特征

室内设计表现图虽然不是纯艺术作品，但它具有一定的艺术感染力。它融艺术性与技术性为一体，也可以说，一幅优秀的设计表现图本身又是一件观赏性很强的装饰品。它具有以下特点。

1）科学性
室内设计表现图一般要求具有一定室内设计专业知识的专业设计人员来绘制。表现图应运用透视学原理绘制，透视图的绘制是一个比较严谨、科学的过程，要求有准确的空间透视、表现精确的尺度，包括室内空间界面（如天花吊顶、墙立面、材料分隔等）和家具陈设的尺度。还要表现材料的真实固有色彩和质感，要尽可能从专业角度去科学地表现物体光线、阴影的变化等。我们强调透视图的科学性是为了避免主观随意性，表现图中对室内空间的大小、长宽比例的表达，包含了透视与阴影的科学概念；对天花造型、地板图案的表达，包含了空间形态比例、构图均衡的科学判定；材料质感以及气氛渲染的绘画表达又离不开对水分干湿程度的科学把握。因此，凡是室内设计存在的，都应该以准确、科学的态度对待画面表现上的每一个环节；无论是起稿、作图或者对光影、色彩的处理，都必须遵从透视学、阴影学和色彩学的基本规律与规范，并在室内设计表现图中以最佳效果反映出来。

2）艺术性

室内设计表现图也可以作为一件具有较高艺术品位的绘画艺术作品，这是因为，绘画中所体现的艺术规律也同样适合于表现图中，如绘画中的形式美法则的整体统一、对比调和、节奏韵律等，素描和色彩训练、构图知识、画面虚实关系和构成规律等在表现图中同样遇到。室内设计表现图中选择最佳的表现角度、最佳的色光配置、最佳的环境气氛等，同样靠绘画艺术手段来完成。因此，室内设计表现图要在很短的时间内，能使观者一目了然，全面感受到设计师的构思和艺术感染力，充分、完整地反映内部空间关系。在室内设计表现图所反映的整体环境气氛和构图之下，能够较完整地让观者了解到室内空间环境和在一定气氛下所产生的预想效果。因此，室内设计表现图是根据室内设计的使用功能进行艺术的处理，在真实的前提下进行气氛的渲染，它的艺术魅力是建立在真实性和科学性以及造型艺术严格的基本功训练的基础之上，是靠设计者通过工程和艺术的语言表达在画面上的。

3）直观性

在工程招标过程中，表现图很受甲方或审批者的关注，因为它提供了方案竣工后的直观效果，有着先入为主的优越性，因此，它是审查环节中不可缺少的重要环节。在工程施工中，三视图、结构图或详图的表现性是有限的，远不及表现图所具有的直观感受和综合表现力。从专业设计人员角度来看，在设计构思阶段，可以通过草图推敲并发展设计思维，进行多方案比较；在设计定稿阶段，画表现图不仅可以对设计方案的物质功能、设计技巧及艺术风格等进行综合表现，还可以对方案和平立面图纸进行反复的检验，以弥补设计构思上的不足。表现图所具有的直观视觉效果，更便于设计者与业主进行沟通和交流。

4）真实性

真实性是表现图的生命线。室内设计表现图不仅能全面地反映设计构思，更主要的是能把观者带到设计师所描绘的表现图的实境中去，如室内空间体量的比例、尺度，在立面造型、材料质感、灯光色彩、绿化及人物点缀诸方面的刻画达到室内环境的真实效果，让观者体验建成后的真实效果。因此，绘制表现图绝不能脱离实际的尺寸而随心所欲地改变空间的限定，或者不理解设计意图而主观片面地追求画面的某种"艺术趣味"。要始终把真实性放在第一位，让表现图的效果符合设计环境的客观真实。

综上所述，一幅优秀的表现图基本上都具有这四个特征。正确认识理解它们之间的相互作用与关系，在不同情况下有所侧重地发挥它们的特征，对我们学习、绘制设计表现图是至关重要的（见图1-1～图1-3）。

图 1-1　某信用社营业大厅设计（水粉　喷笔）　　刘杰

图 1-2　某舞厅设计（水彩 水粉）　　冯柯

图 1-3 重庆市规划设计院 6 楼走廊区的设计草案（马克笔） 沙沛

第二章　室内设计表现技法的基础要素

2.1　构图基础

构图（composition）与文学的构思同义。所谓画面的构图，就是指在画面中如何处理好各种关系，而一幅画是否完整统一，在很大程度上也取决于画面的构图形式。而建筑画的绘制同样要在具体的作画过程中遵循画面构图的规律（见图2-1）。

构图原则主要有以下两个方面。

1）完整

"完整"要求画面饱满、舒适，形象完整、主题突出。初学者往往把物体对象画得太大或太小，过于集中或过于松散，都不能给人以美感，失去了构图的意义。

图2-1　画面构图的比较示意

2）变化统一

"变化统一"是构图的手段。构图的美学原则主要是既要有对比和变化，又要能和谐统一，最忌呆板、平均、完全对称及无对比关系的画面，因为这将令人感到非常乏味和沉闷。画面如果有聚散疏密和主次对比，有内在的接合及非等量的面积和形状的左右平衡，就会产生生动、多变、和谐统一的画面效果。掌握这一规则，会使我们的构图千变万化，并展现其特有的魅力。

在绘制室内建筑画时，应根据所要表现对象的特点来考虑画面构图问题。对于初学者来说，掌握作画的构图规律与基本原则，是作画前必须弄清的问题。我们在绘制室内建筑画的过程中应遵循以下规律。

①从整个画面的范围来看，室内中心作为其表现的主体，在画面中所占的大小要合适。如果室内中心在画面中所占的范围过大，常常会给人一种拥挤与局促的视觉印象；反之，室内中心在画面中所占的范围太小，又会给人一种空旷与稀疏的视觉印象（见图2-2）。

画面过小

画面适中

画面过大

图 2-2 室内中心在画面中所占的大小比例

②从室内中心在画面中的位置看，室内中心过于居中会使人感到呆板，但过于偏向两侧，又会给人带来主题不够突出的感觉。因此一般要把中心安排在画面中线略偏左侧或右侧一些，特别是在室内中心的正面，即中心位置主要朝向的所在一方能留有较大的空间，给人以舒展与顺畅的感觉（见图2-3）。

中心位置适中

中心位置偏右、偏高

图 2-3 室内中心在画面中的位置比较

③从室内中心所处地平线的高度看，中心所处的地平线应依据表现对象的实际需要来定，一般视线定得高，看到的地面就多，天花板就少；视线定得低，看到的地面就少，天花板就多。通常地面和天花板不宜画得过大，这是因为过大的地面和天花板不仅难以处理，并且还会削弱室内中心作为主体在画面的表现效果（见图2-4）。

图2-4　地平线在画面中的位置比较

2.2　素描基础

素描是造型艺术的表现形式之一，又是造型艺术的基础及最基本的绘画手段。从绘画的表现形式来区别，素描是一种单色画。素描通过形体结构、比例，用线、面以及线面结合，组织成明暗调子，去深入表现和创作对象。素描的表现方法和绘画风格是多种多样的。铅笔、炭笔、钢笔、单色颜料等工具均可用来作画。

学习素描是一个从观察分析、理解对象到表现对象的认识过程。它包括对结构、形体、解剖、构图、透视、明暗、质感等基本规律的研究，掌握并学会运用这些规律，才能准确地表达客观对象。因此，在学习过程中应高度重视相关的艺术理论学习，认真研究与探讨。认真对待前人长期积累起来的学习经验，结合自己本专业的特点与要求，制订与自己艺术形式相结合的学习计划。

与其他专业相比，建筑画更侧重于结构比例、透视的准确，立体空间、材料质感的表现，气氛的表达等。素描的基本训练技术性很强，要熟练掌握它的科学规律，善于发现自己的不足，及时总结经验教训，还必须防止自己在艺术表现上的公式化、概念化倾向。

素描的观察和分析方法如下。

1）形体观察

在现实生活中，一切物体都有自己的特征、形态、质地、重量、色彩以及空间。物体不管多么复杂，都可以通过分析发现，它们不外乎是由两种基本形体组成的，即方形和圆形。从造型艺术角度来分析方形物体，有长方、正方、立方；圆形物体有大圆、小圆、椭圆。有些物体方中带圆，或圆中带方，但都是从方和圆的基本形体中演变而来的。

物体除了有长宽之外，还有一定的深度，深度在素描造型中是十分重要的。体积和三度空间是物体最基本的特征。观察对象应从长宽、深度、体积上去理解，树立立体和空间的物象。形与体是彼此联系、不可分割的，形存在于一定的体积之中，有体必有形，无形的体是不存在的。在观察任何物体时，必须把它概括成最简单的基本形体，也就是从大的基本体积入手。例如：当我们描绘一座建筑物时，可以从立方体、长方体和球体的特征去分析。我们发现立方体从尖角逐步切削后可以接近圆球体，长方体切削后可变成多面体再变化为圆柱体，也可以从长方体中演变出棱锥体再变化成圆锥体，同时也可使圆演变为立方体和其他形体。不管何种复杂的形，都可以从方和圆中去求取。懂得物体视觉规律后，就可以用这些基本方法把十分复杂的体积表现出来。这种用简单的形体归纳来认识物体是立体造型的又一基本方法。

2）形体结构

任何物体都有自己的外形和内部构造，在素描训练时只注意外形的变化而不了解其内部的结构，这样画出的物体，往往是只有躯壳而缺乏物体本质的肤浅的表象。一座建筑物，外观的造型和内部骨架的构造是紧密相连的，外形往往反映出一定的内在结构。

内部结构和外部造型两者是紧密相关的，内部构造决定着外部的形体。在建筑绘画中，对物象采用简化成几何形体的观察分析方法，有助于理解物体的外部形体特征和分析其内部构造关系。

在素描训练中，强调结构是十分重要的。因为物体的结构是造型的核心、本质。在一般情况下，内在的结构关系不会改变。无论环境、光线如何变化，这只能引起明暗色调的变化，其本身的结构决不因此而改变。只有熟悉理解了对象的形体与结构关系，才能准确地塑造形体。否则将是"无本之木"，浮于外形之表。

3）形体比例

形体结构和比例的准确是统一的。在素描训练过程中，必须强调比例关系的准确性。要做到比例关系的准确，必须整体观察、整体比较、整体表现。一幅作品的整体效果是由它的各个局部统一在整体之中构成的。缺乏细节特征的刻画会使整个画面变得毫无生气，形象就不具体，不真实。细节的刻画脱离了整体就会散乱、不协调，形象的真实性也受到破坏。确定比例关系的方法是从整体到局部，先确定大的全局比例关系，然后再确定从大至小的局部细小比例关系。其中尤其要重视局部与整体的比例关系。

4）形体与明暗

明暗光影是素描造型的重要表现形式之一。自然界中可见的物体都处在光照的形态下。由于质地光照强弱不同而形成吸收光与反光的强弱差别，形成了明暗光影的不同。加之光照角度及强弱变化，使物体的明暗层次变得更加丰富复杂。

　　物体受光后会出现亮面、灰面、暗面等明暗色调的变化，这即是常说的三大面。在三大面中又可根据受光强弱不同再分成五调子，即亮面、灰面、明暗交界、暗面、反光和投影（见图2-5）。

　　①亮面：亮面属于物体的受光部，光滑质地的物体受光后，若与光源成90°的入射角时，反射后一定会呈现出最亮部或最亮点（高光点）。受光部的形体明暗一般选用较淡的硬铅笔来描绘。不能画得过于深重而失去受光的感觉。

图2-5　物体明暗变化规律

　　②灰面：灰面是物体受到光线侧射的部分，也称半受光面，与暗部连接，是从受光部向暗部过渡的地带。灰面的明暗层次最为丰富，由于色阶过渡自然而微妙，较难分辨，在表现这部分的层次时，必须和暗部、明部及其他中间层次不断比较来确定。

　　③明暗交界线：自然光线是平行照射的，物体由于自身形体变化而使受光与不受光的部分产生明暗突变，形成了一个交界部分，这一部分是物体最暗的地方，一般称明暗交界线。它既不受光直接照射，又极少受到反光的影响，它往往处在物体形体转折的结构部位。但又因光源入射角的变化及环境反射光的影响，明暗交界线也往往产生变化。重视和明确画出明暗交界处的形状和虚实关系，就能基本把握住对象的形体结构和基本明暗色调。

　　④暗面：暗面由于暗部不同体面转折和周围反射光的强弱程度不同，其相对的亮度是不一样的。准确的表现将会增强画面的空间感。

　　⑤反光和投影：反光的形成是周围环境光的影响所致。正确处理反光，可以增强画面的空间感、透明感和物象的质感。但不应过分强调，反光毕竟处于暗面，再强也不应超过亮面，应统一在暗面之中。投影是物体投射的影子，既表达投射物的形体影像又反映被投射物的形体特征，比如在凹凸的地面或墙面上的投影往往反映出它凹凸的造型特征，这对建筑画特别重要。正确处理投影能加强物象的立体感，故应根据投影透视的规律准确画出它的形状。投影边沿的明暗反差较大，与物体接近处投影轮廓清楚，远则模糊渐淡。处于阴影中的物体色调对比比较弱，描绘时要使其处于阴影的整体之中。阴与影的明暗规律由于反光强弱的影响，在光强时，阴浅影深；在光弱时，阴深影浅（见图2-6）。

　　5）质感与空间感

　　准确地表现物象的质感是素描训练的基本目的之一。在建筑绘画里，质感的表现十分重要。例如：一座房屋的内外墙面是瓷砖、大理石还是水泥，屋面瓦是小青瓦、玻璃瓦还是石棉瓦，门窗是木质、铝质还是钢质等等，这些不同材料的质地都要用不同的方法表现。在素描练习时，不深入观察物象表现出的特征，就难以画出它们的质感，也就造成表现语言贫乏，缺乏画面的感染力。因此，控制准确的明暗反差、掌握表现方法和灵活的笔法对表现物象质感是十分重要的。一般情况下，光滑的物体明暗反差大，毛糙的物体明暗反差小；光滑的物体环境色和光源色反映明显，毛糙的物体固有色明显，明暗反差小；柔软物体的表现用笔要轻松自如，坚硬的物体用笔要肯定有力。

图 2-6　不同用笔方式表现物体明暗变化规律

　　物体除自身的体积外，还和其他物体共存在一个特定环境中，这就产生了相对的空间关系。在长和宽二度平面的画纸上要准确地表现三度空间，除了要利用透视规律、明暗规律来表现外，还要强调用主观意识来处理对象，这种主观意识就是从画面主题要求及画面主体出发来加以比较，从而确定哪些要画得清楚、强烈、具体，哪些要画得模糊、虚淡、简略……通常是前面的物体清楚，后面的物体模糊，强光下的明暗交界线清楚，弱光处的明暗交界线柔和，明部形体清楚，暗部形体模糊，球形物体明暗过渡自然，方形物体明暗转折明显等。处理主要物体时，形体层次要清楚强烈；处理次要物体时，明暗层次要模糊、减弱。懂得和了解这些构成空间感的因素，画时注意物象之间的空间距离，就比较容易准确地表现出画面的空间感。

　　6）形体透视

　　各种物体随着距离的远近，观察角度的变化，都会发生长短、高矮、宽窄的形状变化。这种形状的变化也就是常说的透视变化。所以当我们画任何物体时，都必须熟练掌握各种透视规律，以便能准确地在各种角度描绘出物体各个位置的透视变化。

2.3　色彩基础

2.3.1　色彩基础知识

　　构成物像色彩关系的要素一般可分为三部分。

　　1）固有色

　　固有色指的是某一个物体在正常白光下（一般指室外的扩散光源而非太阳的直射光源）所给人的色彩印象，也叫概念色。在光线照射下，物体表面吸收并反射一部分色光所呈现的不同颜色；正常情况下，物体的基本色调是可以识别并相对固定的，因此称固有色。其实固有色是相对概念，从绝对概念角度看物体本身固有色并不存在，所谓"固有色"是指正常白光下物体的颜色，在特殊光源下物体的色彩也会改变。

2）光源色

光源色指发光体发出光的色相倾向。没有光，色彩即不存在，我们通常是以日光色作为识别色彩的依据，其实日光色也非完全静止不变，不同时间、不同气候下物体色彩都有所差异；色相和冷暖不同的光源（发光体）照射下的物体固有色则会有较大变化。光源色愈强，对固有色影响愈大，甚至有可能在根本上改变固有色。

3）环境色

物体不是孤立存在的，处在具体环境中，色彩必然受周围环境影响和渗透。由于反射光引起物体色彩的变化，通常反映在物体暗部的色彩称为环境色。环境色虽然没有光源色强，但却较难把握，它既受物体表面质地的影响，也受物体之间距离的影响，有时几乎看不出，有时却在相当程度上改变固有色。

除此之外，还有空间色，也称为色彩的透视。色彩的透视是由于空气（包括水蒸气和灰尘）作用而引起的色彩渐变现象。一般来说，同样的景物近处色彩鲜明，远处色彩暗淡。

不同光源、环境、空间条件下物体所呈现的色彩称为条件色。从绘画写生角度，一方面以物体固有色区别于其他物体，另一方面又以条件色呈现丰富多变的面貌。物体的固有色受光源、环境、空间的影响而变化，它们之间由于互相影响形成了物体的色彩变化。初学者要想掌握色彩规律，熟悉上述基础理论是必备的前提。

2.3.2 色彩的观察方法

1）整体观察方法

整体观察是画家区别于一般人的观察方法。经过专业训练的眼睛能整体地去看所画的对象，只有这样才能正确把握整体与各局部的关系，局部与局部间的呼应关系。使画面局部服从整体，次要从属主要。观察形体要这样做，观察色彩依然如此。整体观察要求看到对象的色彩是综合的色彩，而非孤立的色彩，是物体在一定光源、环境、空间中所呈现出的色彩，同时包含色彩明暗、纯度、色相、冷暖等方面的对比关系。经过从整体到局部，又从局部到整体，反复分析比较，系统综合概括，充分理解认识，使眼中的形象与心中的形象合而为一，才可能将画画好。

要养成整体观察的好习惯，首先要学会比较的方法。要想把握色彩的大关系，就要对物体各部分色彩进行充分的比较，在比较中确定每一块色彩在整个色调中的位置。初学者往往死盯一点，只在邻近的小色块中比较，他看到的只是局部的色彩，把握不住物体的色彩倾向，更不可能感受到整体色调。

我们常说，"明度相同比冷暖，冷暖相同比明暗"，"同等调子比冷暖，同等冷暖比纯度"，在作画过程中要把整个画面与整个对象相比较。简言之，是寻找色彩关系，表现色彩关系。目的是令画面效果整体统一，色调响亮。

2）对比与调和方法

表现对象色彩关系要用对比与调和方法。

色彩对比方法有：色相对比（冷暖对比、补色对比）、明度对比、纯度对比、面积对比、同时对比等。

色彩调和方法有：主导色调和、同类色与邻近色调和、光源色调和、对比色调和以及运用中性色调和。

2.4 透视基础

透视就是在物体与观者之间假设有一个透明的平面，观者对物体各点射出的视线，与此平面相交之点连接所形成的图形即为透视图形。而透视图则是以作画者的眼睛为中心作出的空间物体在画面上的中心投影（而非平行投影）。它具有将三维的空间物体转换或便于表达到画面上的二维图像的作用。应该指出的是，若想绘制理想的透视图，就必须重视透视图的科学性，应按照透视的基本规律，运用科学的作图方法进行绘制，而不能随心所欲、任意夸张。因为只有这样，才能使透视图中的建筑形象真实地体现出其形体结构与空间关系。

2.4.1 透视的分类

建筑物一般多为三度空间的立方体，由于我们看它时的角度不同，在建筑画中通常会出现三种不同的透视情况，现分别列举如下。

1）一点透视

一点透视也称为"平行透视"，它是一种最基本的透视作图方法。即建筑或建筑的一个主要立面平行于画面，而其他面垂直于画面，并只有一个消失点的透视现象就是平行透视。这种透视表现范围广、纵深感强，适合表现庄重、稳定、宁静的建筑空间环境，但如果处理不当则容易平淡。当展开面过宽时，超过正常视角的部分会产生失真现象，与真实效果有一定距离。在表现纪念性较强的建筑，如纪念馆、宗教神庙、国家级的重要建筑物及政府的办公楼等时，为了烘托出建筑物庄重、严肃的气氛，往往多采用这种透视方法。

另外，建筑的室内空间也经常运用一点透视的方法来绘制，其原因在于一个灭点求起来方便、快捷，便于使用丁字尺与三角板等工具来作图，一般可在画面中同时表现出室内空间的正立面、左右立面、地面与顶面。但在一些较复杂的场景中，仅用一点透视的方法就不足以完整地表达各种复杂的空间关系，这时就可采用其他的透视方法来作图了（见图 2-7、图 2-8）。

2）二点透视

二点透视也称为"成角透视"。即当建筑物的主体与画面成一定角度时，各个面的各条平行线向两个方向消失在视平线上，且产生出两个消失点的透视现象就是成角透视。这种透视表现的立体感强，是一种非常实用的方法。通过它可以同时看到建筑物的正面与侧面两个面的情形，因此一般多选用二

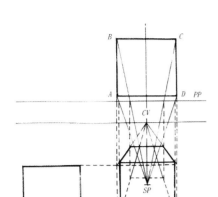

图 2-7 一点透视

图 2-8 一点透视室内效果图

点透视来表现。通常二点透视的画面效果比较自由活泼，所反映出的空间接近人的真实感觉，其缺点是角度选择不好容易产生变形。正是由于二点透视具有上述一些特点，在建筑外观与室内表现中，这种透视在绘制表现画中最多，是一种具有较强表现力的透视形式（见图2-9、图2-10）。

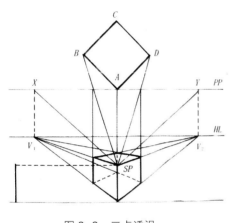

图 2-9 二点透视

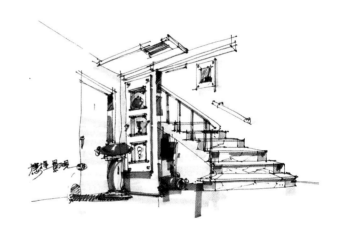

图 2-10 二点透视室内效果图

3）三点透视

三点透视也称为"斜角透视"。即表现对象倾斜于画面，又没有任何一条边平行于画面，其三条棱线均与画面成一定角度，且分别消失于三个消失点上的透视现象就是斜角透视。这种透视方法由于具有强烈的透视感，因此特别适合表现体量大或具有强烈透视感的建筑物体。而且在表现高层建筑的鸟瞰图时，由于建筑物的高度远远大于长与宽，这样从天空看下去，建筑物在垂直方向上就会产生强烈的透视效果，从而感觉到建筑物上面宽、下面窄。这样采用三点透视的方法来绘制建筑物的透视图，即可准确地将高大建筑物的透视关系绘制出来。否则由于视觉的误差，就会感觉到鸟瞰图中的建筑物上小下大，表现不出高层建筑的挺拔与雄伟（见图2-11、图2-12）。

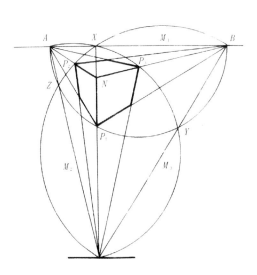

图 2-11　三点透视　　　　　图 2-12　三点透视建筑效果图

2.4.2　透视图的绘制

①在画透视图时，要考虑室内布置的主次与表现的重点，诸如端墙、地面、顶面与家具等，哪些需要着重表现，就可通过不同的视高、视距来调整。

②画面中室内空间布局的处理要恰当，避免有些角度或拥挤或空洞的现象，可利用绿化植物等对画面作调整与补充。

③画面中穿插的陈设、人物与小品等可起到调节气氛的作用，但要注意其比例的协调。

④画面应有虚实感，突出主要部分，强调主要部分的造型、色彩、材质与空间关系，以及相互之间在画面关系中的处理。

第三章 室内设计表现图的不同阶段训练

进行室内设计表现图的训练，必须明确室内设计的步骤，只有这样我们才能够在每个设计过程中以最适合的表现手段有力、准确地传达创作思维过程和设计成果。室内设计的步骤分为四个阶段：设计前期阶段，初步设计阶段（包括草图设计阶段和方案图设计阶段），施工图设计阶段，方案实施阶段。尤其在前三个阶段中，需要设计师用不同的图形语言表达各自阶段的工作内容。与室内设计的步骤相适应，其设计表现图可分为三个阶段：与设计初步阶段相适应的构思（概念设计）阶段表现图和方案阶段表现图，以及施工阶段表现图（这里将扩初阶段作为施工图的前期）。

图形思维是室内设计师必须熟练掌握的有力的、可靠的传达设计意图的手段。设计在很大程度上依赖于表现，而图形又是表现的主要媒介，因此，设计师掌握正确的、良好的图形思维方法是设计方案成功的重要条件之一。用图形进行思考，关键是要学会各种不同类型的绘图方法，以此来更好地传达设计师的思维，在设计师与业主之间起到良好的沟通作用。

徒手画是室内设计师在创作时进行图形思维的基本功。在不同的纸张上用不同的笔和尺规工具进行的徒手画，能够及时、便捷地记录和反映设计师在进行创作思考过程中的灵感和思维成果。即使在计算机软件绘图全面发展的今天，徒手画仍然有着不可取代的地位和作用，并在设计教学中被越来越多地强调。徒手画的图形根据设计阶段和步骤的不同，包括了设计表现图的各种类型：抽象概括的空间形态和功能的概念图解、功能分析图表、设计细部的推敲草图、以正投影画法表现的室内空间的各界面图和节点详图、空间研究中的透视表现图等。

本章将着重讲解室内设计过程中不同阶段的表现图。

3.1 构思阶段表现图

3.1.1 构思阶段表现图的内容

在设计初步阶段，草图设计是"提出概念→各种信息、因素介入→调整→绘制草图→修改、再构思→整理信息→确定方案"这一构思过程中贯穿始终的重要表现形式，也是设计初步阶段的重要内容。它能够表达室内设计师在这一阶段的灵感和思维成果。草图并不是草率勾画、随意而成的，它是对思维创作的纪录和反映，是包含大量信息的，是相对于正式制图而言的。一张表现有力的草图在整个设计创作思维过程中能够起到事半功倍的作用。

之所以要强调草图阶段表现图的训练，一方面能够检验我们的构思是否可行；另一方面在不断反复推敲、琢磨的过程中能触发更多的、新的灵感迸发，使构思向更高层次发展。当然，进行草图设计时，最重要的是在动脑思考的同时勤于动笔，只有通过"意"在"笔"先、"笔""意"同步才能更好地完成这个过程，为之后的方案图示阶段做好准备。

3.1.2　表现图的绘制要求与技法

在设计的最初构思和概念提出时，在半透明的硫酸纸或草图纸上用粗软的铅笔和墨水笔进行徒手画是最好的选择。设计师可以不拘泥于细部，在半透明纸张上记录创作思维的过程和成果，醒目直观的线条和操作的方便性更有利于设计师的设计创作、灵感的迸发以及反复的修改操作。

在构思阶段的草图设计过程中，当设计师运用"头脑风暴"方法提出种种灵感和设想时，设计师需要以图解语言作为工具来辅助思考。这种语言应该具备快速表达的特点。所以，设计师会在这一过程中通过一些抽象的可辨识的图形和简洁的文字来快速记录头脑中迸射的灵感，这些图形在这一阶段可能并不具有通用的、具体的意义，它可以是设计师自己创造的语言，换言之这种语言是设计师与自己交流的最为有效的形式。以下介绍构思阶段中常用的草图设计图解语言。

构思阶段的表现图，使用抽象而又易于画出的符号是很重要的，这对设计师集中精力做好这一阶段的工作有极大的帮助。需要强调的是，在任何时候都应注意比例的合理性和准确性。下面以一个住宅室内设计为例来介绍。

不同性质的空间使用功能不同，这一阶段可以用抽象的圆形或矩形来代替一个功能空间，这样的表现图使设计者和观者对方向位置、交通连接、空间功能都有了直观的感觉（见图 3-1）。由于抽象的图形没有具体的束缚，因此，在这一阶段可以反复地自由推敲理想的功能空间连接和分布方式，以期得到更加合理的使用效果（见图 3-2）。

通过反复的研究和比对，选择最合理的、最适用于使用者的功能分析图作为以后设计的基础。接下来就可以进行概念性方案的提出。在这一过程中，同样尽量避免使用具体的形式和图形来表示。这一阶段的任何抽象的图形的边界或轮廓除了表示使用功能界线外并没有其他意义。如图 3-3 所示为针对该住宅室内设计所进行的图形思维方式。

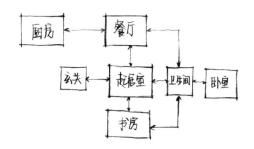

图 3-1　用矩形与带箭头的线表现的空间功能分析图

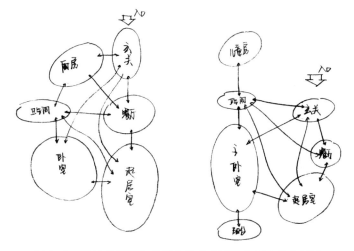

图 3-2　用抽象图形与带箭头的线表现的空间功能分析图

这一表现图表达的内容主要有：功能空间的面积、位置、大小、空间关系、交通流线等。但特别要强调的是，应该注意它们的比例。

由于图形的不规则性和抽象性，设计师可以不拘泥于细部，能够以较快的速度完成整体上空间功能和交通流线的关系，能够较迅速地得到最合理的方案。

如图3-4所示为一些不借助其他工具而徒手画的不规则图形。

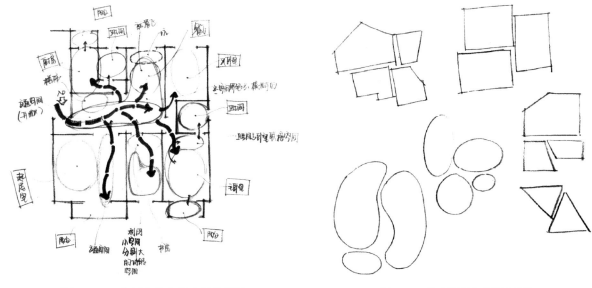

图3-3　一套居室的空间功能分析图　　　　图3-4　徒手画的不规则图形

在这里设计师可以使用这些不规则的图形或简洁的几何图形来表示使用面积、功能活动区域以及功能的空间关系（例如一些模糊空间和交叉空间）。

走廊、交通流线、移动轨迹、视线分析等可以用各种带箭头的线来表示（见图3-5）。带双向箭头的线可表示相邻空间的关系。

在完成了功能分区后，可以进行功能分区方案平面图的绘制（见图3-6、图3-7）。将抽象的功能分区绘制为确定的室内平面图的过程中，还需要将抽象的不规则图形转化为具有一定比例的能够表现空间形状、大小、关系等的平面草图，它可以采用徒手勾画，也可以借助尺规完成。有时为了研究需要，可以对它进行着色。这一过程实际上为我们提供了反复推敲、调整的机会，通过多次反复后，得到合理的平面功能设计方案，才可进行确定的室内平面图绘制。

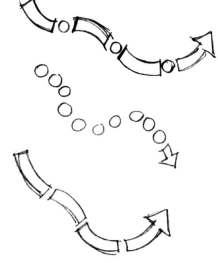

图3-5　一些带箭头的线

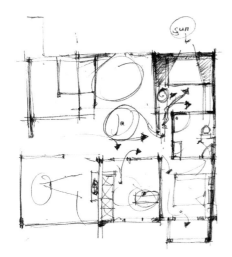

图 3-6　徒手画完成的一套居室的功能分区方案平面图

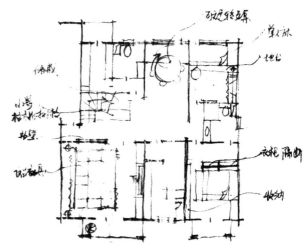

图 3-7　反复推敲后得到的较合理的平面功能设计方案

在构思阶段，草图设计不仅仅应用于平面功能分区和平面布置，在空间推敲和家具设计与选用中也常常需要草图表现来辅助完成（见图 3-8、图 3-9）。但由于要表现一种直观的立体的感觉，所以主要采用透视图（即三维表现图）来辅助研究。

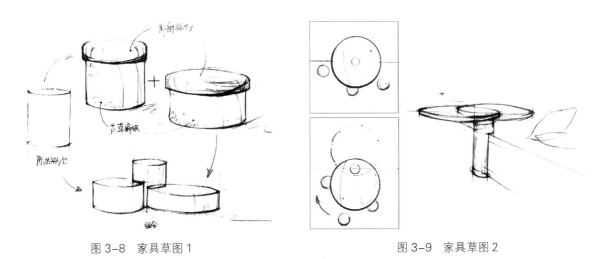

图 3-8　家具草图 1　　　　　　　　　　　　　　　图 3-9　家具草图 2

图 3-10 所示为针对该案例的几张对空间进行推敲研究的透视草图。通过不断的比对、研究而确定该空间在设计和适用上的合理性。这里通常会将侧界面的设计推敲一并进行。

只有在不断的推敲和调整中，方案构思才得以完成。当然，在之后的几个设计步骤中随着方案的不断深入，设计师还会提出某些更好的解决办法使方案趋于完善，因此，有时会将"构思→推敲、调整→草图→方案确定"贯穿整个设计过程直至项目施工完成。所以，构思草图除了主要用于设计初步阶段中的草图设计阶段外，它还将自始至终作为设计师的思维语言贯穿整个设计过程中。

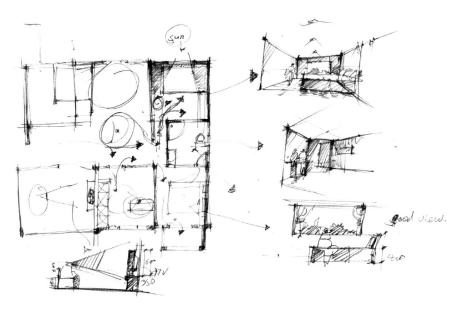

图3-10　利用徒手画对该居室进行空间和视觉分析

3.2　方案阶段表现图

3.2.1　方案阶段工作内容

　　构思阶段的表现图是设计师自我交流的语言，因此，它可以不具有通用性，是一种相对独立的语言。而当一个设计由草图阶段顺利进入方案图设计阶段后，设计师所采用的语言则是不同的，它应是规范的、准确无误的。这一阶段的表现图在整个室内设计表现图中是最为关键的环节，它具有以下三层含义：首先，它是对前期提出的构思的进一步深化；其次，它是设计师与业主之间最为直接的交流语言；最后，它是施工图设计阶段的基础和根据。

　　这一阶段的表现图大致包含两方面：①以二维表达（正投影）方法绘制的室内各个界面图，这些图要求绘制精确并且符合国家制图规范；②以三维透视原理绘制的空间效果图，这些图要求尽量真实地再现空间效果。特别需要强调的是，这一阶段的表现图要求以精确的比例绘制。

3.2.2　表现图内容与要求

　　①在二维表现图中主要应用正投影制图方法。它能够精确地表现室内各个界面，并且可以传达尽量多的信息，如形式、大小、尺寸、材质、色彩等。这一阶段设计师需要完成的工作具体包括绘制各层平面布置图、顶棚平面图、立面图、剖立面图，大型设计还应包括部分复杂的细部大样设计图。

　　室内设计的平面布置图的内容与建筑平面图是不同的，建筑平面图一般只表示空间分隔，而室内平面布置图要表达的内容很多，它包括：室内空间的组合关系和各部分的功能关系；室内空间的形状大小、门窗的位置及其在水平方向上的大小；室内家具及陈设的平面布置；反映室内空间不同标高的地台关系以及地面铺装的形状和材质（见图3-11、图3-12）。

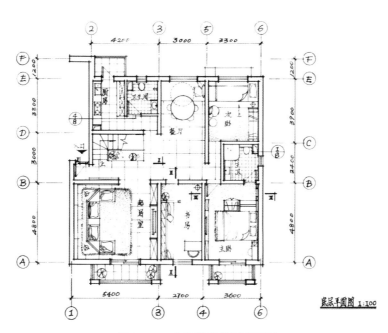

图 3-11　方案阶段首层平面图

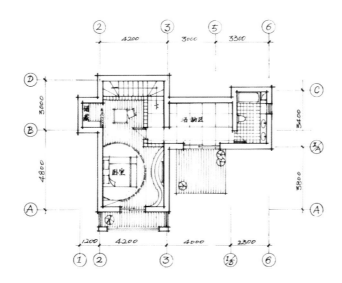

图 3-12　方案阶段二层平面图

　　顶棚平面图主要反映室内空间组合的标高关系和顶棚造型的形状、大小和材质，顶棚上灯饰、窗帘等的位置和形状（见图3-13、图3-14）；

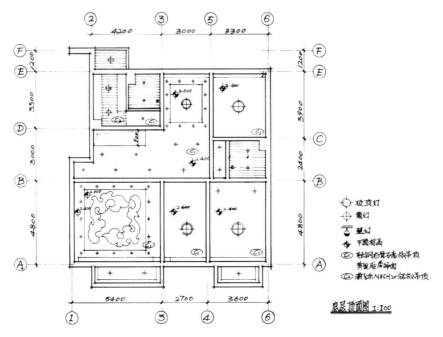

图3-13　方案阶段首层顶棚平面图

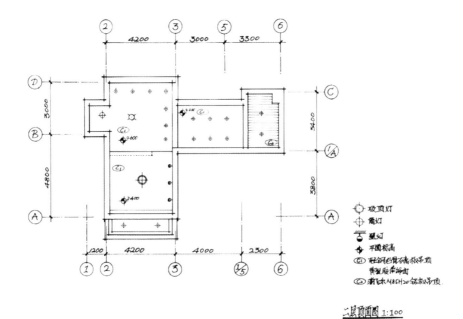

图3-14　方案阶段二层顶棚平面图

立面图和剖立面图主要是为了反映空间各个界面的设计效果。它需要反映出室内空间在标高上的变化；门窗的位置和高低；室内垂直界面以及空间划分构件在垂直方向上的形状和大小；室内空间与家具（尤其是固定家具）以及相关设施在立面上的关系；室内空间与悬挂物、陈设以及艺术品等的关系（见图 3-15）。

细部大样设计图即节点详图，它以剖视图的形式反映出具体各界面相互衔接的方式；各界面本身的结构、材料以及构件之间的相互衔接方式；各种装饰材料间的收口方式；各界面与设施间的衔接方式。

需要强调的是，这一阶段的表现图要求以相应的、合理的比例来绘制。如，室内平、立剖面图常用比例为 1:50、1:100、1:200；细部大样图常用比例为 1:20、1:10、1:5。具体比例的制定需要根据出图要求来定。

这一阶段的表现图要求绘制精细，以尺规辅助制图，并且制图必须符合国家制图规范（参阅张绮曼、郑曙旸主编的《室内设计资料集》），即要以一种通用的图形语言来传达设计内容。因为这一阶段的表现图属于展示性表现图，所以设计师还可以较灵活地充实图面，比如可局部着色等，目的在于使表现图更加直观。为了使表现图表达统一，平面布置图与顶棚平面图常采用一致的比例绘制，而所有的立面图（或剖立面图）应采用同一比例绘制，以求达到统一、明了的效果。

平面布置图与顶棚平面图应该相对应着绘制，即绘制比例应该一致。

在这一阶段的平立面图是施工图设计的基础和依据。在这些表现图中，一般只注明图的比例，不一定注明详细尺寸，立面图一般只出主要立面图。除大型复杂的项目外一般不画大样图和节点图。

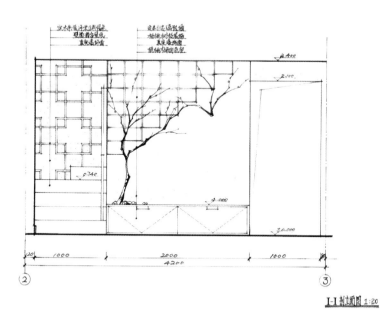

图 3-15　方案阶段 1-1 剖立面图

②透视表现图通常只在初步设计中的方案图设计阶段需要。它是室内设计中最为生动和引人注目的图纸，是设计师设计意图和构思的直观表现，同时是与业主最为有力的交流语言。通常以表现流畅

有力、透视准确、比例合理、效果真实作为一张好的透视效果图的评价标准。因此，绘制一张好的透视表现图要求以三维透视原理和良好的绘画技法作为基础。绘制时可以根据空间表现效果要求和个人操作习惯进行。

　　图 3-16、图 3-17 为该方案的主要空间透视效果图，分别为客厅的透视效果图和从楼梯后看玄关的透视效果图。它们的表现程度可以根据业主的要求、空间表现的需要等来完成。

图 3-16　客厅透视效果图

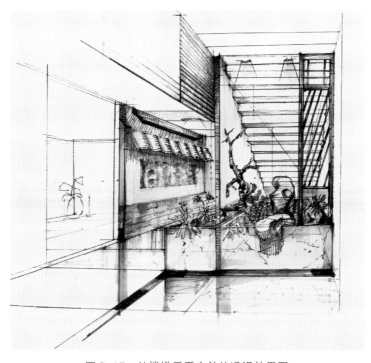

图 3-17　从楼梯后看玄关的透视效果图

对于一些综合性的大型空间，任何透视图都只能表达出该空间的一个局部，为了表现需要，有时会运用轴测图来表达整个空间的全貌。这类表现图是由非正式的平行投影根据空间坐标 x、y、z 轴产生出来的立体图，它在三个方向上的尺寸都可以按比例量出并绘制，较为适合表现复杂空间的各功能空间关系以及室内总体形态。虽然轴测图表现的范围更广并且更加严谨，但由于不以透视原理为基础，绘制出的表现图不符合人眼观看时近大远小的透视规律，因此缺乏真实感和生动性。

手绘表现图能够达到丰富多样的表现效果。它可以采用不同的绘画工具和表现技法，如水彩、水粉、马克笔、彩色铅笔等，也可几种技法相结合使用。除了可选用的工具多种多样外，还可以绘制在各种纸张上。但特别强调的是，为了获取良好的表现效果，绘制者应格外注意了解工具和纸张的特性，从而掌握表现技法与所选用纸张的最佳搭配，例如硫酸纸适合以马克笔和彩色铅笔为工具，牛皮纸适合以彩色铅笔为主要工具等，这需要绘制者在长期的作画中摸索和总结。

如果工程项目比较简单，在方案图设计阶段也可以只绘制平面布置图和透视表现图。设计师对于该阶段的工作程序可根据自己的习惯灵活掌握。

需要明确的是，作为初步设计阶段（包括草图设计阶段和方案图设计阶段）最后表现成果的平立面图和透视图的完成，并不代表整个设计方案完全定案。因为设计师的构想在接下来的施工图设计和施工过程中将被检验是否具有实际可行性，有时某些预期效果会因为施工技术或其他方面原因的左右而不能达到，因此，设计师对方案的调整和完善需要贯穿整个设计中。

3.3　施工阶段表现图

在经过设计师与业主的充分沟通并最终通过后，设计程序将进入施工图设计阶段。可以用"标准"一词来概括该阶段的工作内容。施工图设计阶段的表现图（即施工图）是设计师与施工方的交流语言。在施工图的设计中，设计者应着重考虑实施的可行性。由于施工方要参照施工图进行施工作业，因此，决定了施工图必须具有准确性、严谨性和可操作性的特点。该阶段表现图的图纸内容包括：首先是施工中必需的平面图、地面拼花图、立面图、顶棚平面图，这些图中需要标明有关物体的尺寸、做法、用材、用色、规格、品牌等；其次是必要的细部大样图和构造节点图。

施工图中的平、立面图相对于方案图阶段来讲，其涵盖的内容更全面。它主要表现地面、墙面、顶棚的构造样式、材料分界与尺寸，顶棚空调风口、消防报警、音响系统等的位置，电器电讯、给水排水、供暖等的布置和相应管口的位置等。施工图中往往包括地面铺装图，它主要反映具体的地面基本划分和组合，应标注出铺装的起始线，具体的材料块的大小、尺寸和颜色等必要信息。在绘制时应尽可能全面，不遗漏细部，使得其更有利于施工方高效施工。

目前国内室内设计施工图的绘制仍沿用建筑施工图绘制标准。施工图在整个室内设计表现图中具有一定的独特性，为了便于施工方各工种之间的协调合作，一个正在施工的项目往往需要几套甚至几十套完全一致的施工图纸。对于大型项目，无论从绘制速度还是图纸质量来看，完全靠手绘是不足以满足这种要求的，因此广泛推广使用计算机绘图软件绘制施工图就显得更加具有现实意义了。但这并不代表手绘施工图就缺乏其存在的意义。尤其在学习阶段，必要的手绘施工图可以加强我们对绘制标准和规范的深入理解，为能够更加熟练地操作计算机绘制施工图打下坚实的基础，使计算机制图真正起到事半功倍的作用。

一套完整的室内设计施工图一般由以下图纸组成。

①封面、工程项目名称。

②设计说明、防火说明、施工说明。

③目录。

④门窗表。

⑤室内各层平面布置图。

⑥室内各层地面铺装图。

⑦室内各层顶棚平面图。

⑧剖立面图。

⑨细部大样和构造节点图。

⑩概算。

需要说明的是，施工图的正式出图必须使用图签，并加盖图章，图签内应有工程负责人、设计人、校核人、审核人等的签名。

图 3-18 ~ 图 3-25 所示为与该方案相关的施工图。

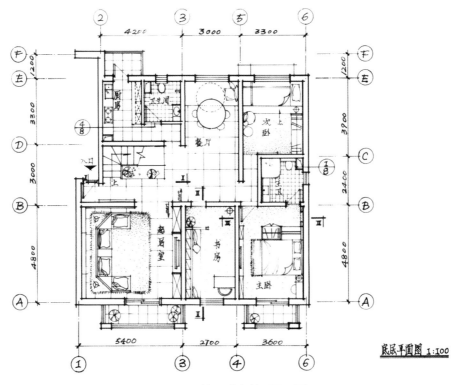

图 3-18　施工阶段首层平面图

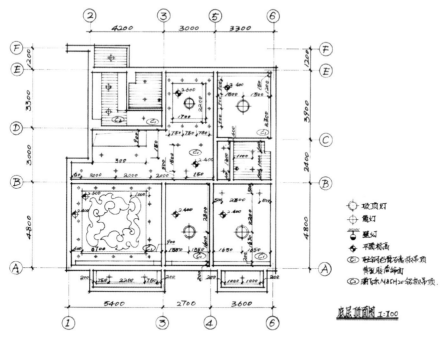

图 3-19　施工阶段首层顶棚平面图

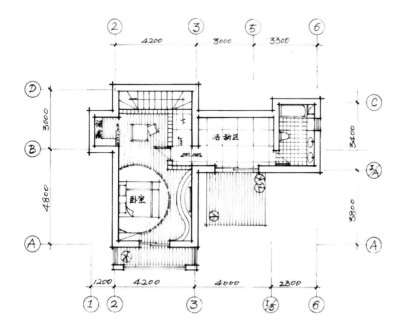

图 3-20　施工阶段二层平面图

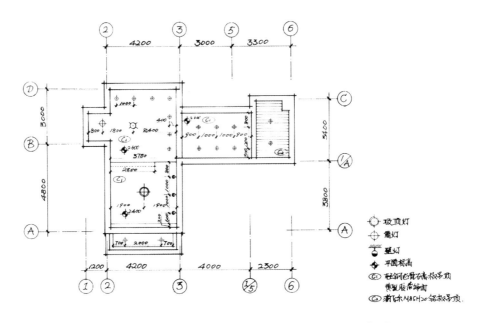

图 3-21　施工阶段二层顶棚平面图

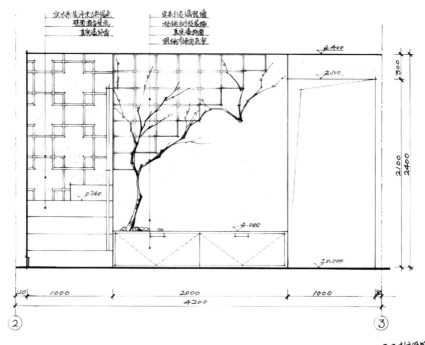

图 3-22　施工阶段Ⅰ-Ⅰ剖立面图

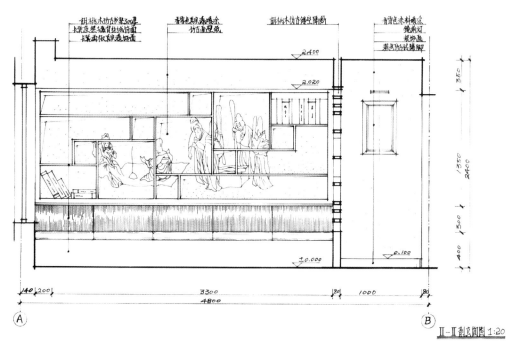

图 3-23 施工阶段 Ⅱ - Ⅱ 剖立面图

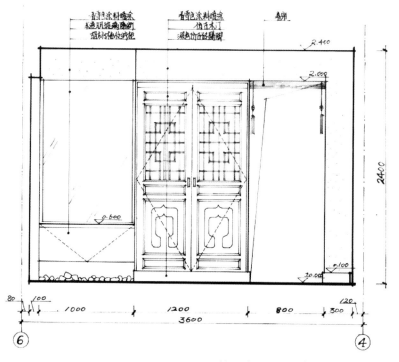

图 3-24 施工阶段 Ⅲ - Ⅲ 剖立面图

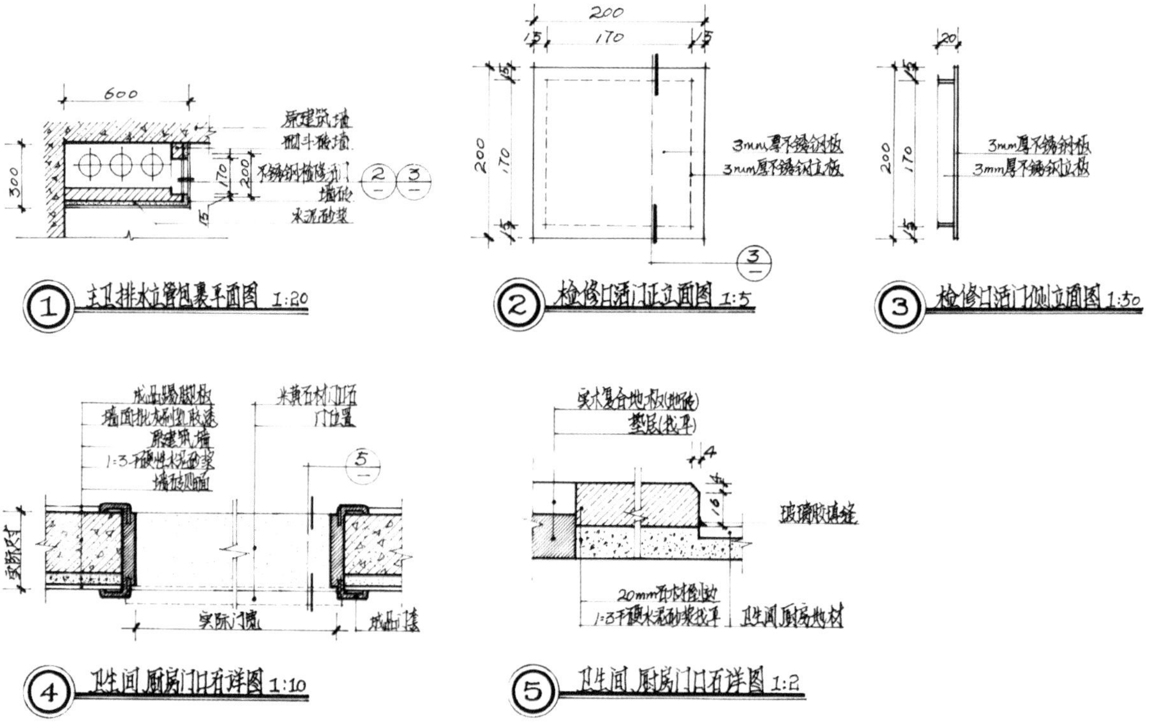

图 3-25 施工阶段部分节点详图

注：以上图件（力 3-18 ～图 3-25）均由河北工业大学建筑与艺术设计学院学生李帅绘制。

第四章　室内设计表现图的常用表现技法

4.1　马克笔表现技法

　　室内设计作为一门营造空间环境氛围的综合艺术，与时代发展、日常生活息息相关，越来越得到社会的关注，逐渐成为现代设计的重要内容之一。效果图的表现是室内设计的主要环节，应近似真实地体现室内设计的立体效果，并通过形象化的语言表达设计师的设计构思、空间塑造和材料工艺，在简练、概括表现设计意图的基础上达到画面效果的气韵生动，以熟练的表现形式创造出高品位的设计作品。而马克笔由于色彩丰富、作画快捷、使用简便，且能适合各种纸张，省时省力，因此，在近几年里成了设计师的新宠，也是高校课堂讲授的主要技法。

　　马克笔由英文"marker"音译而来，全称"magic marker"，是指有魔幻般效果的意思。马克笔又称记号笔。笔头是毡制的，有粗细之分，具有独特的笔触效果；颜料是通过溶剂的流动而被纸面吸收，溶剂多为酒精或二甲苯。马克笔色彩表现力强，不易涂改，它既可用于快速表达，又可用于深入作画，形成表现力极为丰富的表现图，如果再配合其他绘画工具，则表现力会更强。马克笔是目前较为流行的画手绘表现图的新工具之一。

　　马克笔作画独特的优势如下。

1）表现速度快

　　马克笔与水彩、水粉不同，不需要费时去准备和清洗，马克笔生产的商家已配好上百种色彩的马克笔，并将色调进行分类，配有色卡，作画者可直接选用已调和好的颜色笔，省去了调色的麻烦，并且色块能迅速干燥，不用等待就可以进行下一步操作。另外，各种宽度的笔头，使马克笔作画过程简单快速。用马克笔作图，能使画面轻松豪放，是一种与现代高效率、快节奏生活相适应的快速表现技法。

2）携带使用方便

　　马克笔是打开笔帽就可以使用的现成工具，携带起来轻巧方便。它对画纸的要求不高，适于表现的纸张十分广泛，如普通的复印纸、素描纸、色版纸等都可以使用。

3）勾画随意新颖

　　由于不用调色的特点，很适合作画者现场勾画，易出效果，便于设计者与业主之间进行直接交流。马克笔不同笔头的形状能够自由地表现点、线、面的形状和面积大小，展现不同的表现方法，易给人耳目一新的感觉。使用马克笔对于表达不确定性的景观效果和意境，以及对草图阶段的灵感快速捕捉也起着非常重要的作用。

4.1.1 马克笔表现技法所用工具及基本技法介绍

1）马克笔的分类

马克笔的品种比较多，按照注入颜料溶剂不同分为两大类：一种是油性的，另一种是水性的。油性马克笔用有机化合物二甲苯作溶剂，使用时有刺鼻的气味，但色彩鲜艳而透明，耐水性能好，挥发较快，能很快干且不变色，附着力强，使用时动作要迅速、准确。油性马克笔还经得住多次的覆盖与修改，甚至在已作好的水粉、水彩画上再叠加马克笔色彩，其色彩也不会变浑浊。油性马克笔的颜色相对稳定滋润，手感也比较顺滑。这种特点是其他绘图工具所不具备的，所以深受广大设计师的喜爱。

水性马克笔的颜色亮丽而且具有透明感，但没有渗透性，遇水会化开，干后颜色会变得淡一些。水性马克笔的颜色重叠，笔触明显，所以不宜用于大面积平涂，只适宜作小面积勾勒、点缀。另外，水性马克笔还可以结合水彩颜料使用。与油性马克笔不同的是：在作了多次覆盖后，其色彩会变得混浊，如果使用水性马克笔不当，尤其是在较薄的纸上，还会损伤纸面。

目前设计用品店较为畅销的马克笔品牌有：美国的 PRISMA（霹雳马）品牌和韩国 TOUCH 品牌、日本 MAVEY（美辉）品牌（见图 4-1）、德国 EDDING（威迪）品牌、日本 YOKEN（裕垦）品牌、法国 STABILAY-OUT 品牌等。由于这些品牌的马克笔极大地方便了设计师和作画者，因此，这类笔也通常称为"ART MARKER"。在挑选的时候，认准一类品牌，多选择一些常用的、纯度不高的中性色彩，所选颜色一般要具备深、中、浅三类，鲜艳的颜色也要有几支，但只用来作表现图中的点缀。一般来说，配备 40 ~ 50 支马克笔就基本可以应对室内外空间的表现了。

图 4-1　常用马克笔类型

2）其他画笔

彩色铅笔，是马克笔表现技法中与马克笔相配合的绘图工具之一，它对马克笔画中色调变化、材质充分表现有很好的补充作用。彩色铅笔有 12 色、24 色、36 色之分，根据其特性分为水溶性和不可溶性两种。最好选用水溶性彩色铅笔，其笔芯柔和细腻，笔触纹理感好，可以画出丰富的色彩层次。水溶性彩色铅笔中"FABER-CASTELL"牌的色彩比较纯正（见图 4-2），色质沉稳而透明，且沉淀较少，与水调和使用，会达到水彩效果，可弥补马克笔在冷暖和渐变色调过渡上的不足，也可以很好地衔接马克笔笔触之间的空白。不可溶性彩色铅笔中"中华"牌的较好，其中有白色与银灰色，常用来提亮高光，增加画面的灰色色域。除此之外，彩色铅笔还可以在马克笔描绘出的大面积上增加细部刻画，表现一些粗糙物体的质感，如岩石、木板、草地、树干、地毯等非常适宜，其笔触分明，弥补了马克笔肌理表现上的不足。彩色铅笔对于画错的地方也较易于修改，因此，初学者比较容易掌握。

色粉笔可以与马克笔或油画棒结合使用，营造画面特殊效果，也可以用来铺设较大面积的色块，如天空、水面、室内外墙面、天花板等，颜色渐变过渡得比较柔和，有喷笔喷绘的效果，以弥补马克笔笔触明显、不易大面积平涂的弱点。

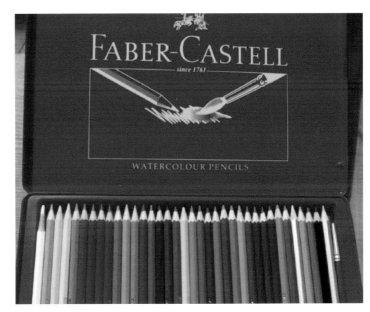

图 4-2　水溶性彩色铅笔

水彩、水粉是较常用的以水为媒介进行绘画的颜料。可在画面中适当的地方少量使用，其中浓缩的白色颜料可以在马克笔画中表现高光部分或表现较丰富的灰色部分以及勾勒白线使用。

3）画纸

马克笔对纸质要求不高，但不同的纸张对于马克笔来说有不同的效果。市面上有进口马克笔专用纸，但没有必要一定采用，且效果也不一定好。下面介绍几种常用的纸张。

复印纸：较好的复印纸（70g）是马克笔作画的首先选择。复印纸的纸面光滑细腻、洁白，颜色吃入纸中，有一定洇色，但色彩渗透度适中，能较充分地发挥出马克笔流畅的笔触特点，体现画面较强的设计感。复印纸也有一定透明度，可以勉强拷贝底图，但不能承担多次运笔。从尺寸规格上说，复印纸规格也较多，取用时无需剪裁，使用方便，一般 A3、A4 幅面的复印纸比较常用，价格适宜。

绘图纸：一般绘图纸的纸面较厚，质地不很透明，能吸收一定的颜色，绘图纸的特性介于硫酸纸与专用纸之间，可多次运笔，也可以进行水粉的反复着色和修改，易表现出精细风格的效果图。

有色纸：带底色的色纸或色卡纸也是马克笔作画较理想的用纸，通过在各种有色纸上作画，很容易使画面色调统一、丰富和凝重，并且对处理不同意境的画面效果也提供了方便，如画室内的灯光效果图，可以在肉色和黄色纸上作画，而浅蓝和深蓝色纸可以用来表现夜景效果图。

硫酸纸：属于非渗透性纸，是指颜色浮在纸表面上，不易被吸收，也不易干，因此易被擦去。由于硫酸纸质地比较透明，有人喜欢在其背面上色，从正面来看，颜色显得更均匀，并具有一定的灰色系效果，这适宜表现远景或中景。一般情况下，硫酸纸上用马克笔着色，特别是平涂不费劲，但颜色会变淡很多，往往感觉深不下去，而且在这类纸上渐变等效果也基本上无法实现，这种情况下，要结合彩色铅笔等其他工具来辅助完成。

4）辅助工具

首先，要有较好的专业针管笔或勾线笔，这是上色前主要的表现工具，从 0.1mm 到 0.5mm 都应具备，以便绘制各种粗细线条。如果是徒手表现线条，则以一次性针管笔为最佳，如德国的 ROTRING（红环），笔尖略带弹性，笔感顺滑，能画出生动、富于变化的线条。

其次，作图的铅笔宜用 0.5mm 或 0.7mm 笔芯的自动铅笔，太硬会损伤纸面，太软则易弄污画面。总之，用铅笔起稿时要牢记保持画面整洁、干净的良好习惯（见图 4-3）。

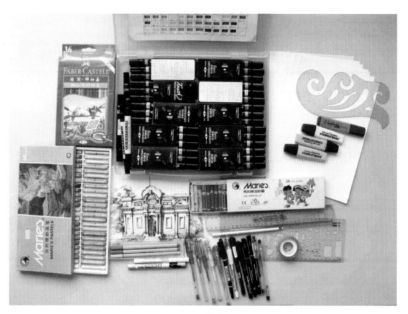

图 4-3　其他工具

第三，尺的品种也要备全，如通过槽尺可以勾画挺拔、细致的直线，这可以避免颜色洇在直尺上弄脏画面，通过曲线板还可以勾画不同的弧度线，如果碰到曲线板中没有的弧度时，可以借助蛇形尺来完成。除此之外，丁字尺、三角板、直尺、绘图板、圆规等均需备齐，以满足表现图中不同的需要。

5）马克笔用笔着色的基本技法

马克笔的笔头有很多种，最常使用的是笔头呈斜方形。手绘表现中由于对笔头使用角度和用笔力度的不同，其笔触往往有粗、中、细之分，线条宽度均衡，有明确的起笔和收笔，一笔就是一笔，适合反复叠加，但不要在一点上反复描绘，要注意留白，常使用的就是排线，即利用笔触之间产生的重叠痕迹或是细小间距来为画面营造出秩序感，以表现出马克笔充满独特形式魅力的笔触。马克笔快速表现中最为常用的一种笔法是"之"形笔触，笔触间距由密集逐渐加大，同时用笔上也由粗转细，单色可以形成三到四个层次，虽然画面没有被涂满，却有"满"的视觉效果，这种排列形式既生动了画面又概括地反映了画面黑白灰调子的过渡效果（见图 4-4）。马克笔的用笔讲究快速明确，干净利落，运笔时不能紧张，应针对不同的形体和质感大胆而有序地排列不同方向的笔触（见图 4-5、图 4-6）。在立体着色训练中，可以先画出简单的立方体，用冷灰色系为立方体每个面着色，这时一方面要特别注意每个面的不同深浅变化、每个面的不同方向笔触变化，另一方面一定要遵循由浅入深的着色程序，即先上颜色较浅的中性色作为基调色，进而逐步添加其他色彩，使画面色调逐渐丰富厚重起来，最后使用较深的颜色进行边角处理，以加强画面整体的明度对比。但要注意画深一层次色彩时要适当留着前一浅色，笔触越画越少（见图4-7）。遵循这两点不仅可以用来统一局部与整体的色调关系，而且可以有条不紊地完成富有层次感的立体画面（见图4-8、图4-9）。

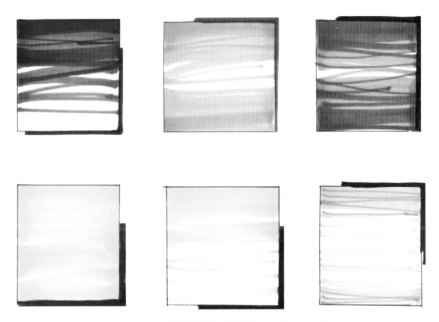

图4-4 不同的笔触排列形式 冯柯 作

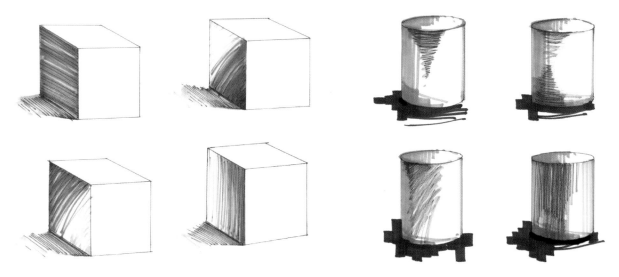

图4-5 不同方向的笔触排列（一） 冯柯 作

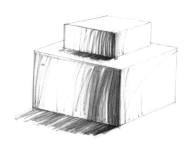

图 4-6　不同方向的笔触排列（二）　冯柯　作

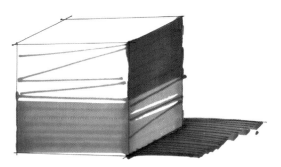

图 4-7　立方体不同面的笔触排列　冯柯　作

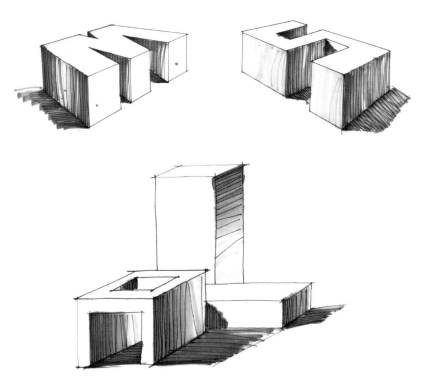

图 4-8　几何形体的面笔触排列（一）　冯柯　作

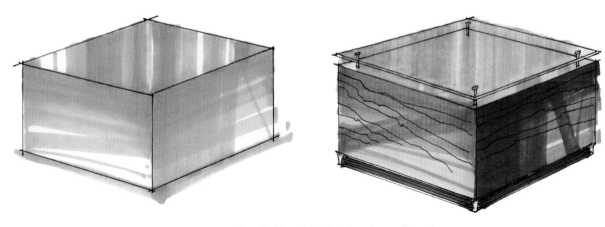

图4-9 几何形体的面笔触排列（二） 冯柯 作

6）马克笔运用中应注意的问题

在绘制室内设计表现图时，马克笔因笔触宽度有限，画幅不宜过大，一般情况下，以A3图幅为主（包括周边虚化处理和留白），A4图幅较适合小品、快图等，A4以下的小图幅绘制起来更加快捷，更容易把握整体，也更能体现马克笔的特色。A2或以上的图幅，一般很少见到，如要扩大到A2图幅，那只有将作品通过扫描后存入电脑，再通过打印来放大。

马克笔的颜色还存在褪色问题，这是由于光线中紫外线对溶剂色彩的破坏作用，一般情况下，马克笔表现图完成后，应避免日光照射，妥善保存在阴凉处，或尽快将原稿扫描成电子文件，以电脑打印的方式来展示作品。这都是保持作品原有面貌的有效方法。

马克笔表现图中还要学会"留白"的技法，这是由于马克笔表现中不宜大片涂满色彩的缘故，要发挥纸面白色的魅力，力求画面简洁明快，追求以少胜多的意境情趣。

4.1.2 马克笔表现室内形体与质感的技法训练

一幅精彩的室内马克笔表现图，是对各种空间、各种物体、各种材质准确的手绘表现所组成的综合效果，尽管我们的表现工具不外乎针管笔、马克笔、彩色铅笔等，但随着表现图绘制不同的形体材质，使用工具的方法和表现方式也就不同，有表现粗糙的木材、石材，也有透明的塑料、玻璃，更有反光极强的金属等。所以在表现不同物体材质时应注意把握马克笔的不同运笔方向和用笔方式，掌握几种常用的室内形体与材质的表现方法，是马克笔手绘技法的重要基础。这一节将通过马克笔表现室内形体与质感的技法训练的详细讲解和作图步骤的分解及室内效果图的马克笔表现技法作品点评，使学习者清楚地了解室内效果图表现过程中每一个步骤的进度和要解决的问题，下面将室内设计中马克笔手绘图常用的一些形体与材质表现技法列举如下，希望对初学者提供参考和借鉴。

1）室内家具单体的表现

家具是室内空间的基本元素形态，占有重要地位，练习室内单体家具的表现技法，目的是熟悉马克笔的特性，掌握运笔的方法和感觉，注意笔触与不同形体结构的结合方式，培养训练表现造型、准确把握透视、色彩协调、线条简洁有力等综合表现手法，为整体表现图作好铺垫。

　　室内家具的种类繁多，造型变化丰富，对餐厅里的餐桌椅、会议室里的会议桌椅、客厅与客房中的沙发、陈列架、画框、钢琴、储物柜、视听柜及睡床等的表现，要区别对待。在用马克笔表现时要同时注意层次的变化。

　　家具的造型多为直线与曲线的结合，材质为木质，常遇到的木材装饰面板有枫木、松木、红胡桃木、樟木、檀木、柚木、黑胡桃木等，描绘时要注意恰当选用木色基调（见图4-10），描绘的手法上，注意笔触与结构的结合，马克笔笔触的应用技巧，都是自然的留白，故而产生一种自然的光感视觉效果，然后进一步加深暗部，强调黑白灰关系及木材质感描绘（见图4-11）。

图4-10　家具（一）　冯柯　作

图4-11　家具（二）　冯柯　作

桌子的表面质地比较光洁平滑，又有一定的反光，画这种形态时，可有意将水平面提亮，强调画出垂直方向的笔触，笔触线条要注重流畅感，以表现其反光与倒影，并在面与面的转折处巧妙留出高光白。为了衬托家具的立体感与空间感，在完成了家具的描绘后，都要在家具下的地面上画出它的投影，但也可以先画投影，后画家具，投影不要画得过深，要有空气感（见图4-12）。防止出现家具漂浮在半空中的现象。

图4-12 家具（三） 冯柯 作

坐椅及沙发较多运用了颜色渐变的方法，也就是马克笔由浅到深、由淡到浓的表现方法。这种方法多用于表现一个物体在受光的情况下各处不同的光感渐变效果，一般情况是根据物体的具体材质来选用不同深浅色系的马克笔。可以只用一支马克笔重叠表现物体的渐变关系，也可以用同一色系、不同纯度的多支马克笔交替使用来营造这种效果（见图4-13）。除了强调反映其光感渐变效果外，最重要的还要随着材质本身的反光程度不同所应用的留白技巧也不相同，但要注意笔触的灵活性。总之，表现室内家具时，要概括处理，分清主次与虚实，注意透视关系，着重用笔触表达大的体积与光影（见图4-14）。

2）室内电视机及背景墙的表现

电视机和音响设备及背景墙的处理手法上，应使用马克笔横线与竖线垂直交叉的笔触，并在暗部叠画出疏密有致的明暗渐变效果，总之，要概括处理，分清主次与虚实，注意透视关系，着重用笔触表达大的电视机屏幕质感、体积与光影（见图4-15）。室内有观赏性的书画、壁饰、摆设等也都有

图 4-13 坐椅及沙发（一）　冯柯　作

图 4-14 坐椅及沙发（二）　廖方方　作

较高的艺术设计品位，这些单体陈设艺术应该与室内的风格及各类电视机背景墙的造型、比例、尺度、色彩等协调一致，并处于从属与烘托主体家电风格的地位，一些小型的陈设品还起到画龙点睛的作用，在表现手法上，使用马克笔要做到用笔少而精，注重神态与大效果，处理手法简单明了（见图4-16、图4-17）。

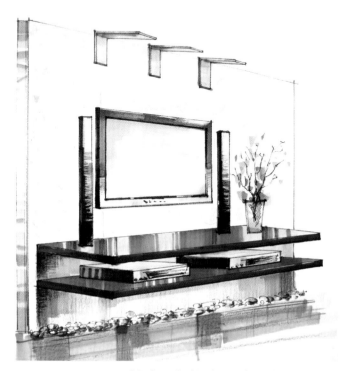

图 4-15　电视机及音响设备　冯柯　作

图 4-16　电视背景墙及陈设品（一）　廖方方　作

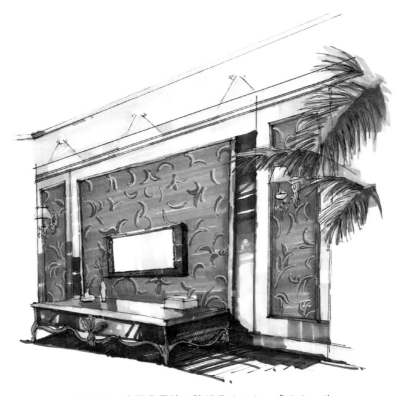

图 4-17　电视背景墙及陈设品（二）　廖方方　作

3）室内灯具的表现

在室内表现图中离不开对灯具的刻画，灯具的造型变化丰富，不同的室内空间，可选择不同的灯饰，在大厅堂中，可能会出现成组的灯具或几盏大吊灯，马克笔表现时，就要十分注意大的效果和整体气氛，要一气呵成，不要多次覆盖和涂改。如果在小居室，又是单个灯具的情况下，马克笔绘制时就要注意笔触与灯具结构的结合，同时注意光晕效果的细致刻画，光晕可以结合彩色铅笔来表达（见图 4-18）。

4）室内人物的表现

室内效果图中出现人物，可以显示室内实体物的尺度，如果要想判断室内实体物的大小，就需要有参照物，人是最好的参照物。人的身高通常在 1.6 ~ 1.9 米之间，通过与人身高的比较就会感觉到室内实体物的实际大小。室内效果图中，通过人物的动态表达，还可使重点更加突出，并增加画面的气氛和生活气息。

画人物的时候，最重要的是注意人物在建筑室内的不同空间位置的远近透视关系，否则画面上的人物会产生一种陷于地下或被吊在半空的感觉，这对初学者来说，是最容易出现的毛病。当视平线定在人的头部高度时，如图 4-19（a）所示，画面中所有人物高度均应放在视平线以下，人的远近、大小等透视关系靠头以下身高的长、短来表示；当视平线高于人的头部高度时，如图 4-19（b）所示，其规律是离视点越近的人，头越低人越大，离视点越远的人，头越高人越小；当视平线低于人的

图4-18　室内灯具　冯柯　作

头部高度时，如图 4-19（c）所示，就会出现与上面相反的效果，离视点越近的人，头越高人越大，而离视点越远，头越低人越小。

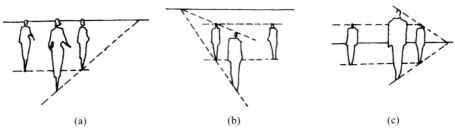

(a)　　　　　　　　　　　(b)　　　　　　　　　　　(c)

图 4-19　视平线与人的透视关系

室内表现图中画上人物，是作为点缀和陪衬，是为了烘托室内气氛，给人以真实的空间感觉。一般情况下，效果图中的人物身长比例要画到 8 ~ 10 个头长。这样的人物比例，看上去较为利落、秀气。把人物放在画面中时还要注意人物与画面的比例关系、人物的姿态与朝向等与画面整体效果的一致。在具体描绘时，先用钢笔从头部开始，依次为上肢、躯干、下肢四个部位逐一刻画，侧重大关系与大姿态，用笔干净利落，不要把细节过于刻画。用马克笔上色时，应先采用浅色原则、明暗渐变和留白手法，再用马克笔添加深色效果，处理暗部和阴影区，最后可用彩色铅笔和白色铅笔提出高光（见图 4-20）。

图 4-20　人物　冯柯　作

室内人物表现在于造型富于动态，描绘人物要注意人体各部分的比例关系，人物的性别决定着人物的体型：男子肩部较宽，宽于胯部，而女子肩窄，胯部较宽，抓住这一点，性别便区别开了，但不要太细致，特别是在室内的入口处（近景人物），人物衣服的用色及光线表现十分重要，衣着可以采用对比色关系（见图 4-21、图 4-22）。画中景人物走路时，人的腿要一长一短，表示迈腿时的透视变化，人物可稍稍倾斜，自然生动，用色可适当鲜艳（见图 4-23）。而画近景人物时，人物尽量画小些，脸部一般不画，以免失真。近年来，画人物流行只画人物框线，完全或部分留白，是为了不影响室内实体物造型的表现，以降低画面的复杂性；在室内效果图中人物多是侧面和背面，画时要注意人物的动态（见图 4-24）。

图 4-21　室内近景人物（一）　潘俊杰　作

图 4-22　室内近景人物（二）　廖方方　作

图 4-23　室内中景人物　廖方方　作

图 4-24　室内远景人物　　廖方方　作

5）室内花卉植物的表现

现代化的人类居住、办公环境中，崇尚自然、回归自然的生活追求目标已成一种时尚，在室内种养一些花卉、植物，不仅能调节室内温度、湿度，净化空气，而且对美化室内环境、烘托气氛都起到重要作用。室内常选用的植物，首先要适应室内生长环境，主要有观花类、观叶类和观果类。观叶类有竹椰、滴水观音、马尾铁树、龟背竹、吊兰、文竹等，观花类有秋海棠、君子兰、水仙等，观果类有石榴、冬珊瑚、观赏小辣椒等。室内的花卉一般选用盆栽或插花。

用马克笔表达花卉植物时，首先要对所表现的对象外表特征、结构进行仔细地观察和了解，表现中要注意植物的生长规律，以及枝叶的前后关系和叶面的反转透视。表达时一般采用两种手法：一是写实的手法表现，不仅要抓住造型特征，而且色彩表现也应接近对象，体现出逼真效果；二是装饰手法的表现，往往只抓造型特征，形和色具有一定的装饰性，用色比较平面，体现出装饰性。无论采用哪种手法，用笔都要注意简洁概括，笔触粗细灵活娴熟，前后层次叠映，最后点缀上些许小面积鲜艳的色点或用高光笔提亮个别枝叶，以增加画面生动感和光感（见图 4-25 ~ 图 4-27）。

图 4-25　室内花卉植物（一）　冯柯　作

图4-26 室内花卉植物（二） 廖方方 作

图4-27　室内花卉小品　冯柯　作

6）室内织物的表现

室内最常用的纺织品有窗帘、床上用品、地毯及布艺沙发等。窗帘在室内不仅能遮光，而且在室内环境中还起到装饰作用。表现窗帘纺织品的图案和各种造型时，可以先用马克笔淡淡地平涂面料底色，然后再根据窗帘不同的装饰造型，刻画出主要的褶皱和体积变化，受光部分可留白处理，最后可配合彩色铅笔有虚实地画上其图案纹样，注意表现图案要与面料相融合，随褶皱而变化，不能过于突出（见图4-28～图4-30）。

图4-28　窗帘（一）　冯柯　作

图4-29　窗帘（二）　张方圆　作

图 4-30　窗帘（三）　廖方方　作

　　床上用品主要是床罩。床罩与窗帘在表现上有许多相似之处，首先应根据受光和背光关系，用马克笔的大笔触体现块面。床面一般表现得比较平整，床罩两侧的下垂部分可适当画一些褶皱，床罩上的图案纹样要根据床的体积来画，在色彩上要有明暗和冷暖的变化，要表现出纺织品的柔软感，用笔不能过硬，转折处要有适当的过渡变化（见图 4-31）。在马克笔笔触的基础上加画水溶性彩色铅笔，不仅加深了纺织面料质感的刻画，而且丰富了织物转折的明暗层次。

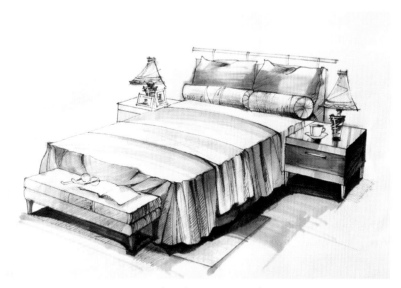

图 4-31　床及床上用品　冯柯　作

　　地毯在卧室、会议室以及高级场所被广泛地使用，它不仅能保暖、吸尘、隔音，同时对室内环境也起到一定的装饰作用。地毯的质感柔软、蓬松，边缘毛糙，可以用颜色半干的旧马克笔来画，也可以借助彩铅对马克笔的笔触进行过渡。表现单色地毯时，主要应注意地毯色彩的前后明度和冷暖的变化，使其呈现柔和的效果；表现有美丽的装饰图案的地毯时，应淡淡涂上底色，然后再用各种彩色铅笔表现图案纹样，图案与色彩应根据地毯的透视而有所变化，否则，地毯就没有空间感，最后画出地毯周边的阴影和两端的经纬线，以增强地毯的立体感和真实感（见图4-32、图4-33）。

图 4-32　地毯（一）　冯柯　作

图 4-33　地毯（二）　庞美赋　作

沙发造型千姿百态，但沙发的饰面材料一般都选用真皮或人造皮，以及纺织品面料。沙发的纺织品面料分为两种：一种是有图案的，另一种为单色。马克笔表现单色面料饰面的沙发时，主要应注意几个面的明暗关系和色彩变化，朝上的面一般最亮，可留白多一些，色彩一般含有灯光或天色光。其他立面应根据来光的位置，分出次亮面和背光面，有时为了防止几个面平涂时过于单调，可用深浅不同的同类色，画几道深浅粗细有变化的魅力笔触（见图4-34）。

图4-34　沙发（一）　冯柯　作

在表现带有图案的织物面料的沙发时，与单色面料饰面的沙发相同，先用单色也就是面料的底色来表现，然后根据不同的受光面的亮度画图案纹样。在画图案纹样时，可与彩色铅笔结合使用，但要注意色彩和底色的对比不宜过分强烈，要柔和，图案和纹样应根据沙发的转折和透视关系而有所变化（见图4-35）。

图4-35　沙发（二）　王记成　作

沙发靠垫也是经常表现的室内织物陈设品。它不仅有靠背的功能，同时还起到装饰环境的作用，有时，当沙发表达显得过于单调、没有变化时，适当地表现一些靠垫，利用靠垫鲜艳的色彩和图案来丰富画面的整体效果，能增加画品的生活气息（见图4-36～图4-39）。

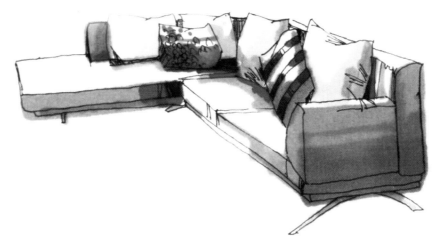

图 4-36　沙发靠垫（一）　陈红卫　作

图 4-37　沙发靠垫（二）　廖方方　作

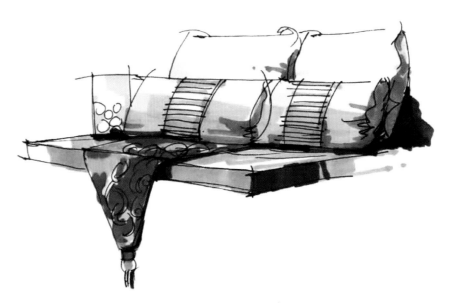

图 4-38　沙发靠垫（三）　廖方方　作

图 4-39　沙发靠垫（四）　廖方方　作

7）室内材质的表现

在目前的室内装修中，使用不锈钢、石材、木材、玻璃等装修材料很普遍，因为材质的美是丰富空间及造型美不可缺少的内容。材质美的表现，在室内效果气氛中，同样显得不可缺少。

不锈钢是金属材料，表面光滑，反光强烈，类似镜面效果。常用来包柱、装饰边框或贴面材料。马克笔表现不锈钢材质时，一般选用冷灰系列即 CG 系列型号的马克笔，要多用果断的直线笔触表达，加大它的反光度和折射后的光影变化与明暗对比。不锈钢面折射后的部分，颜色一般比较深，中间部分基本表现的是环境色，而高光部分基本做留白处理（见图4-40）。如画不锈钢柱时，一般用由浅至深的冷灰色系马克笔以一定宽度的垂直线

图 4-40　不锈钢材质基本笔触　冯柯　作

条画出柱身，注意黑、白、灰三个层次，并根据物体的体积变化强调出受光面与背光面的明暗差别；在此基础上用黑色马克笔和针管笔叠加画出柱身上的极黑处，以此为经典之笔，但应注意其位置、形状和多少；最后用修改液或高光笔提出柱身上的反光亮点和高光（见图4-41、图4-42）。

图4-41　不锈钢柱　冯柯　作

图4-42　不锈钢　杜健　作

　　室内常用的石材装饰材料主要有大理石、花岗岩、毛石、石砖等。大理石、花岗岩被广泛运用于地面、墙面和柱子等。由于其自身特有的纹理和一定的光泽度，在用马克笔表现其光感时，要注意用笔快速、果断，可通过宽笔触的叠加和留白形成调子的过渡（见图4-43）。在表现其自身具有的自然纹理效果时，首先要表现石材本身的底色，然后不等底色完全干透时，再用马克笔的细头，采用乱笔法表现石材的自然纹理，这样纹理和底色可以较自然地交融，或者利用彩色铅笔加画出深浅变化的石材天然纹理，纹理的笔触要灵活（见图4-44）。另一种石材是无任何纹理，表现这种材料时，只铺底色，但要根据空间的远近，色彩有深浅变化，然后再表现出不同物体在光洁的地面石材上所产生的倒影，画地面的倒影要注意在空间位置上的深浅变化，用笔要挺直利落。等前面的效果处理好后，再根据透视关系，有虚实地画出石材铺设拼接之间的石缝（见图4-45）。毛石、石砖这一类石材，由于表面粗糙，本身有凹凸不平的变化，因此在表现时，既要考虑整体的色调关系，又要根据石材的特征，画出石材的明暗变化，用笔要灵活，要考虑石材的受光面和背光面的关系（见图4-46）。即先用针管笔勾画石材的造型和暗面及石材的缝隙，然后用马克笔铺设整体色调，再叠加上暗面或砖缝的色彩，最后用高光笔提出受光面的边缘或砖块，表现出立体感。总之，用马克笔表现时要用以点带面的方法处理，用笔的方向应该和材质的纹理方向基本保持一致（见图4-47）。

图 4-43　石材　冯柯　作

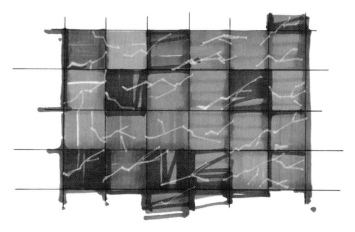

图 4-44　平面石材　廖方方　作

图 4-45　无花纹石材　章瑾　作

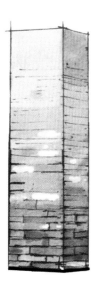

图 4-46　毛石、石砖　冯柯　作

随着建筑材料的发展，室内装修使用玻璃和镜面材料的种类和色彩也层出不穷，在室内效果图中能较逼真地表现出玻璃或镜面的质感效果就显得十分重要。玻璃具有透明、反光以及镜面的特性，表现时要研究它所在的环境和光线，才能把各种玻璃的质感充分表现出来。如表现透明玻璃，先不考虑玻璃本身色彩而直接把玻璃后面的物体有选择地、简略地勾画出造型、色彩、明暗等，并且物体色比原来的色彩画得重，干后用渐变的马克笔画出蓝色调或淡绿色调的玻璃，并用略深颜色的笔触体现玻璃阴影部分，最后用高光笔或涂改液画出玻璃分割线或高光。总体原则是根据受光和背光铺设深浅变化的笔触，笔触的美感至关重要（见图 4-48 ～图 4-52）。

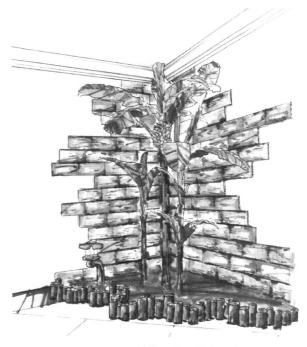

图 4-47 装饰石片 黄莹 作

图 4-48 透明玻璃、不锈钢 冯柯 作

图 4-49 透明玻璃（一） 夏露 作

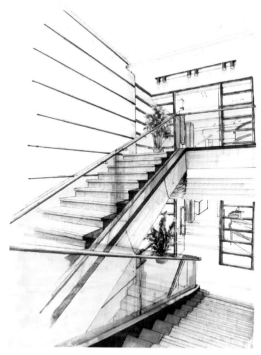

图4-50　透明玻璃（二）　黄莹　作

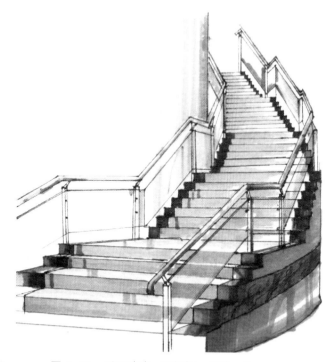

图4-51　透明玻璃、不锈钢　刘鹏　作

图4-52　透明玻璃、木材质　章瑾　作

　　如表现带花纹的装饰玻璃时（见图5-53），首先以渐变的马克笔画出玻璃，要有深浅和灯光的色彩效果变化，然后用彩色铅笔或细头马克笔添画玻璃上的图案，使图案隐隐显出。镜面的表现方法，与对玻璃、不锈钢材质的表现一样，笔触效果和用笔方式很相似，都要表现出黑白对比的反射效果，笔触方向可倾斜可垂直，注意在适当的位置留出高光亮色或用白色高光笔拉几道笔即可（见图5-54）。

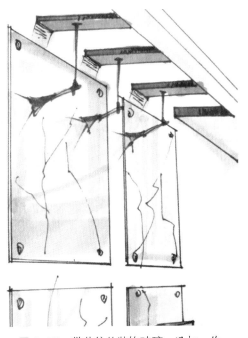

图4-53　带花纹的装饰玻璃　冯柯　作

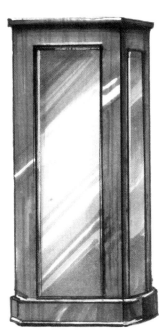

图4-54　镜面　冯柯　作

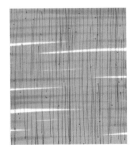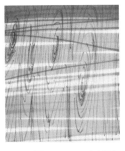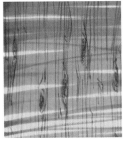

图4-55　木材纹理的表达　冯柯　作

　　木材也是重要的室内装修材料之一，主要用于家具、墙面、地面、门、窗框、隔扇等装饰中。木材目前主要以板材的形式出现，板材有天然板材和人工复合板材之分，后者色彩极多，可择优选用。木板涂清漆使用时，能呈现出特殊的纹理效果，纹理一般多呈斜条形、直条形、"V"条形以及曲卷形等，有时也可点缀圆形（见图4-55）。马克笔表现时分深浅两种木本色处理，画浅色木本色时可先以浅木色马克笔铺"之"字形的渐变底色，这时要注意适当留白，再以深色细头马克笔画出阴影和木线条，最后用高光笔或涂改液添画上高光线条（见图4-56、图4-57）。画深色木本色时可先铺深木色底色，再以比底色略深且稍暖调的色画上竖向或斜向灵活笔触，最后用深色细头马克笔或彩色铅笔描出纹理或木线条上的高光、阴影（见图4-58、图4-59）。

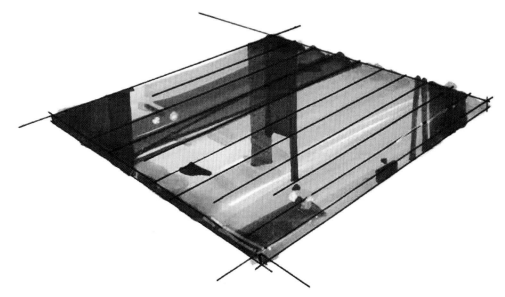

图4-56　浅色木地板（一）　廖方方　作

图4-57　浅色木地板（二）　冯柯　作

图 4-58 深色木地板（一）   吕律谱 作

图 4-59 深色木地板（二）   吕律谱 作

总之，很好地掌握室内空间中各种形体与材质的马克笔表达技巧非常重要，运用时要根据室内空间的整体关系来把握，不可一味强调局部对比关系或单体的个性表达，而造成画面过乱。形体与质感表达应做到画面主次分明、对比适度、材质与色彩和谐、造型与质感协调（见图 4-60、图 4-61）。

图 4-60 深色木格天花 吕律谱 作

图 4-61 深色木墙面 吕律谱 作

4.1.3 马克笔表现技法作图步骤

经过室内家具、单体部件及材质的练习后，我们应该进入整体表现图阶段，在这一阶段里，要注意对室内色彩进行归纳总结，用马克笔营造室内整体气氛，较好地表现室内的光影变化。以下通过两套步骤图的讲解进行详细说明。

第一套 客厅效果图

步骤一：在设计构思成熟后，先用铅笔起稿，勾线稿时一定要细致严谨，首先明确是哪种透视，定出视觉中心，准确反映出空间的进深，同时要注意物体的透视、比例与尺度关系的把握，把每一部分造型结构都表现到位。一些房间的转折线、主要家具的结构线一定要肯定，一些灯具、装饰品、植物绿化的线条可以徒手勾出，但要准确概括（见图 4-62）。

图 4-62　作图步骤一　廖方方　作

　　步骤二：在铅笔稿勾好后，用一次性针管笔勾勒墨线，勾画时要注意运线的力度，一般在起笔和收笔时的力度要大，中间力度要轻一点。大的结构线可以借助尺子等工具，小的结构线尽量直接徒手勾画，特别是沙发、沙发靠垫、地毯等，显示出线条的力度与飘逸感。另外，要增加物体明暗面和质感的刻画。此时必须耐心对待每一个细节。当墨线稿完成后，用橡皮擦净铅笔印记，保持画面干净（见图 4-63）。

图 4-63　作图步骤二　廖方方　作

步骤三：在用马克笔着色前，先分析确定整个画面的光影变化和色调关系。然后由浅到深，从远到近地逐步深入刻画。方法是根据设计方案确定好画面基调色，用大笔触区分室内几个大面的虚实关系，使画面主色调明确，着色时要选用同一色系的灰色进行叠加，但不要平涂。然后对室内的主要装修材料进行处理，处理窗帘布艺与木材时从中间色开始，颜色不要满涂，留些空白光感。最后再对每个物体的暗面加重，刻画时要通过笔触来体现质感和虚实变化，尽量不让色彩渗出物体轮廓线（见图4-64）。

图 4-64 作图步骤三 廖方方 作

步骤四：这是对画面的整体控制最重要的一步，首先整体铺开润色，开始刻画主要家具和细节装饰，大笔触的块面塑造与小笔触花纹相结合，体现物体色彩与质感，刻画时应注意与主色调的互补与统一。通过加强物体的阴影、倒影效果，使画面更加鲜亮，层次分明，增加物体立体感。投影的形体要和物体自身的造型及光照方向一致。

然后进入统一调整阶段，即统一调整画面色彩平衡度，把环境色考虑进去。对地面用彩色铅笔不均匀地涂一层，再用马克笔准确表现物体在地面上的投影。还可以用彩色铅笔加重物体的投影面及特殊质感的刻画。

最后用修改液修改渗出轮廓线的色彩，或者提亮物体的高光点和光源的发光点，使画面有较强的视觉冲击力。在整个过程中，保持画面的整洁是十分必要的（见图4-65）。

图 4-65　作图步骤四　廖方方　作

第二套　卧室效果图

步骤一：作为室内空间的设计表现，由于室内面积有限适中，空间有一定的错落变化。在设计构思成熟后，先用铅笔起稿，勾线稿时一定要细致严谨，首先定出视觉中心，准确反映出空间的进深，同时要注意物体的透视和比例关系的准确，把每一部分造型结构都表现到位。一些房间的转折线、主要家具的结构线一定要肯定，一些灯具、装饰品、植物绿化的线条可以徒手勾出，但要准确概括（见图 4-66）。

步骤二：在铅笔稿勾好后，用一次性针管笔勾勒墨线，勾画时要注意运线的力度，一般在起笔和收笔时的力度要大，中间力度要轻一点。大的结构线可以借助尺子等工具，小的结构线尽量直接徒手勾画，特别是床及床上用品、床头墙面、窗帘和地毯等，显示出线条的力度与飘逸感。另外，要增加物体明暗面和质感的刻画。此时必须耐心对待每一个细节。当墨线稿完成后，用橡皮擦净铅笔印记，保持画面干净（见图 4-67）。

步骤三：在用马克笔着色前，先分析确定整个画面的光影变化和色调关系。然后由浅到深、从远到近地逐步深入刻画。方法是根据设计方案确定好画面基调色，用大笔触区分室内几个大面的虚实关系，使画面主色调明确，着色时要选用同一色系的灰色进行叠加，但不要平涂。然后对室内的主要装修材料进行处理，处理家具木材和布艺制品时从中间色开始，颜色不要满涂，留些空白光感。最后再对每个物体的暗面加重，刻画时要通过笔触来体现质感和虚实变化，尽量不让色彩渗出物体轮廓线（见图 4-68）。

图 4-66 作图步骤一 廖方方 作

图 4-67 作图步骤二 廖方方 作

图 4-68　作图步骤三　廖方方　作

　　步骤四：这是对画面的整体控制最重要的一步，整体铺开润色，开始刻画主要家具以及床头墙面上的壁纸图案和细节装饰，大笔触的块面塑造与小笔触花纹相结合，体现物体色彩与质感，刻画时注意与主色调的互补与统一。通过加强阴影、倒影效果，使画面更加鲜亮，层次分明，增加物体立体感。投影的形要和物体自身的造型及光照方向一致（见图4-69）。

图 4-69　作图步骤四　廖方方　作

　　步骤五：进一步调整画面色彩平衡度，把环境色考虑进去。加强因着色而模糊的结构线。这时可结合水溶性彩铅，来协调丰富画面关系。先对地面和床上用品用彩铅不均匀地涂一层，再用马克笔准确表现物体在地面上的投影。还可以用彩铅加重物体的投影面及特殊质感的刻画。最后用修改液修改渗出木材轮廓线的色彩，或者提亮物体的高光点和光源的发光点，使画面有较强的视觉冲击力。在整个过程中，保持画面的整洁是十分必要的（见图 4-70）。

图 4-70　作图步骤五　廖方方　作

4.1.4　马克笔表现技法作品推介

　　这一章节中，精选了目前最常用的马克笔室内表现技法的 15 幅优秀作品，这部分室内设计作品有许多值得借鉴和推广的地方。本书对这 15 幅作品从表现过程、表达方法以及独到之处进行分析和评价，以加深对马克笔表现技法的理解。以期在借鉴别人经验的基础上进行自己的室内设计表现图的创作。

　　作品（见图 4-71）中室内木质地板、青石砖墙等材质质感刻画生动，笔触简洁洒脱，并注意合理的留白处理。整幅作品的色彩关系是统一中有对比，空间层次感强，虚实关系处理得较好。植物、小品的布局和点缀恰到好处。

图 4-71　卧室　陈红卫　作

图 4-72　卧室　章瑾　作

　　作品（见图 4-72）中首先用利落的钢笔线条表现出室内转折面的大体明暗关系，马克笔处理室内界面、床及床上用品、陈设品、绿色植物简洁到位，效果统一。室内大面积的木地板与室内整体色调协调。画面视觉中心突出，近实远虚的进深感强烈。

图 4-73　客厅　陈红卫　作

　　作品（见图 4-73）中首先用钢笔线条表现出了室内转折面的大体明暗关系，室内界面用马克笔的灰色系处理，效果统一，局部配合彩铅过渡自然。大面积的木地板与木门材质协调。画面视觉中心突出，近实远虚的进深感强烈。

图 4-74　汇展中心　陈红卫　作

这幅作品（见图4-74）以蓝紫色为主调，大面积玻璃幕墙的质感刻画简洁到位。空间结构比例合理，画面的中心部位刻画明确。较好地利用了马克笔的透明性、层次性，生动地表现了环境气氛。

图4-75　别墅游泳池室内效果图　　庞美赋　作

作品（见图4-75）对于流动水体、静态水体、玻璃、木材、石材等质感表达准确生动，主色调的蓝色与木质的黄色对比大胆响亮，环境景观表达的主次分明，详略得当，有一定的进深感。画面透视准确，有较强的马克笔用笔基础。

作品（见图4-76）的马克笔笔触层次清晰、利落大方，中式家具质感表达充分，较好发挥了马克笔笔触的魅力，画面空间层次感处理得较好，用在木质装修上的厚重的赭石色和艳丽的黄色，形成画面色彩协调统一的艺术效果，烘托了客厅大雅的环境，只是在最前方两把椅子下的影子表达得略显僵硬。

作品（见图4-77）中木质餐桌椅的色彩、质地刻画逼真。整幅作品马克笔涂色大气，不拘小节，配合彩铅深入刻画不同的材质肌理。色彩上大胆使用的饱满亮丽的绿色和黄色，色调统一。室内陈设品的刻画自然而充满活力。作品刻画重点突出，钢笔线条流畅而有个性。

作品（见图4-78）中灰紫色作为画面的主色调，中景使用其对比色黄色，人物的色彩点缀简洁生动，整体效果对比统一。透视选用一点透视效果，线条统一流畅，构图大方，笔触肯定，有快速表现的味道。

图 4-76　客厅　杨光　作

图 4-77　家庭餐厅　章瑾　作

图 4-78 大堂 郑孝东 作

图 4-79 别墅客厅 刘宇 作

作品（见图 4-79）主次关系表达明确，近景的楼梯作为画面重点刻画部分，笔触肯定利落，楼梯台阶的刻画充分显示出马克笔叠加处理手法，以及色彩由浓到淡的渐变过渡。中景做大胆留白处理，只用钢笔勾画线条，远景只对玻璃做简洁概括的刻画。

图 4-80　中式书房　刘宇　作

　　作品（见图 4-80）中大笔触的块面塑造与小笔触花纹处理，体现出简洁概括又细致入微的绘画特点。具有质感的线条和地毯、书画等陈设品的细致刻画，使画面丰富细腻。该作品突出了室内各界面的装修与布置效果。

图 4-81　别墅客厅　郑孝东　作

作品（见图 4-81）中利用色纸的作画技法。使用色纸可以保证画面统一的色调，在色纸上加深或提亮局部，局部如灯光效果的亮色和楼梯的台阶等使用了白色彩铅，地面的倒影用了黄色彩铅。马克笔只是点到为止地使用在绿色植物、窗户玻璃等上面。作品注意拉深了空间的进深效果。

图 4-82　酒吧　张红霞　作

作品（见图 4-82）中木质地板和木质天花质感刻画得呼应且到位，砖石材的质感刻画得细致且真实，加上玻璃器皿点缀，丰富了画面的层次感。该作品色调对比鲜明，突出了室内各界面的装修材质质感与布置效果的表达。

图 4-83 客厅 李胜楠 作

作品（见图 4-83）欧式穹窿顶的室内风格中，窗帘色彩与室内整体色调对比鲜明，沙发、茶几等质感刻画细腻，地板材质刻画手法简洁明了，作品清新自然，马克笔用笔大胆肯定。

作品（见图 4-84）中，色调统一，色彩鲜明。卧室中的床上用品和窗帘布艺等质感刻画自然，马克笔用笔大胆简洁，近景植物用省略法，只勾画出外轮廓从而突出室内主体物。

作品（见图 4-85）整体色调统一于清晰明亮的暖灰色调中，卧室里的床上用品、地毯、陈设品和布艺窗帘等质感刻画较细腻逼真，各界面结构和造型表现明确且层次丰富。

图 4-84 卧室 李胜楠 作

图 4-85 卧室 李胜楠 作

4.2　水彩表现技法所用工具及特征介绍

水彩表现图是建筑画中一种特有的色彩表现方法，它是从水彩画的绘制中发展起来的建筑色彩表现技法之一。而水彩画主要是以水为媒介，调配专门的水彩颜料并画在特定纸张上的一种绘画方式，它作为西洋画法传入中国已有 200 余年的历史。由于水彩画的绘画工具简便、表现力强，并能在很短的时间内描绘出生动流畅的画面效果，给人以美好的艺术享受，故受到很多人的喜爱（见图 4–86）。

水彩表现图的出现要晚于水彩画，可它却与水彩画一样取得了长足的发展，这也是由于水彩特有的表现力所致。早在 1671 年，法国巴黎皇家建筑学院为了培养与训练建筑师的设计表达能力，就开始要求学生用水墨与单色水彩渲染的方法来描绘古希腊、古罗马的古典柱式、单体及群体建筑。

用水彩表现作为学生基本功训练的内容。由于设计师在画水彩表现图过程中的实际需要，水彩表现图的绘制往往强调其实用性与工艺性，其刻画也讲究精细制作（见图 4–87）。

图 4–86　水彩画

图 4–87　水彩表现画

4.2.1　水彩表现图的表现特点与工具材料

1）表现特点

水彩表现图是一种传统的表现技法练习，也是一种难度较大的基本功练习形式，依靠的是"渲"与"染"的手法来表现建筑的空间环境，其表现特点主要包括以下几个方面的内容。

首先，水彩表现图的形式单纯概括，色彩轻快透明，水分充沛丰润，给人一种清新、舒畅及淡雅的感觉。它很像音乐中的轻音乐与小夜曲、文学中的诗歌及散文一样，寥寥几笔便能使其画面意境显现出来，从而给人一种纯美的艺术享受与视觉印象。

其次，水彩表现图在作画过程中是用水溶化透明颜料，并靠溶化在水分中色彩的布置、渗化、重叠来形成物象。加上它是用毛笔将溶化于水中的透明颜色画在纸上的，所以它比其他色彩表现形式更加自如、生动、流畅，这无疑也是水彩表现图所追寻的格调与境界。

再者，"透明"是水彩表现区别于水粉表现的主要特征，由于水彩颜色没有覆盖力，画面中的高光必须靠预先留出纸的白色。另外，在具体的绘制过程中，由于颜色、水分、时间相互之间影响较大，并且要求在下笔之前必须做出准确的判断，能够落笔为定，不宜反复修改。为此，水彩表现图在技法运用上比其他画种更为讲究，故作画人若没有相当的实践经验是难以掌握的。初学者若要把握住水彩表现图的这些表现特点，无疑是要经过反复尝试与练习的。

2）工具材料

用于水彩表现图绘制的工具与材料同钢笔速写的绘制相比，相对要复杂得多，归纳起来主要有以下几种。

（1）水彩颜料

用于水彩表现的颜料就是普通的水彩画颜料。若从水彩颜料的合成与形式看，水彩颜料分为有机物（含碳的植物性和动物性）与无机物（金属矿物质）两类，且以研磨成极细的粉状颜料加甘油（缓蒸发）、树胶（黏着剂）、福尔马林（甲醛、防腐剂）结合而成。在形式上，一种为画水彩画用的干块色，是用锡纸包好嵌放在铁质调色盒内，可经久不变质。另一种为常见的锡管装水彩色，使用方便，易于调色。还有一种是供设计与制图用的透明水色，也称之为彩色墨水，它有本册装与瓶装两种，其色粒极细，纯度很高，且流动性强，适于作泼彩与表现大幅作品（见图4-88）。

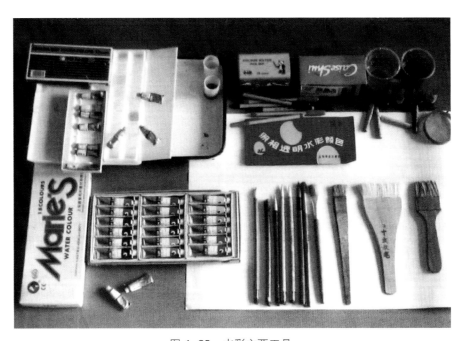

图4-88　水彩主要工具

水彩颜料的透明度可从下表中区分出来。

冷色系水彩颜料透明度比较

透明	普蓝	钛青蓝	群青	青莲	淡绿	草绿	翠绿	深绿	橄榄绿	中绿
不透明	湖蓝	天蓝	钴蓝	黑白						

暖色系水彩颜色透明度比较

透明	柠檬黄	紫红	玫瑰红	深红	西洋红	大红	朱红	土红	橘红	中黄
不透明	赭石	熟褐	土黄							

对于水彩颜料质量的鉴别，通常是优质的水彩颜料浓度适当，色彩透明度高，耐热性强，吸水性弱，受阳光的影响较小，不会出现胶质过多、色团调不均匀、色相不准确及附着性差等问题。

（2）水彩画笔

水彩表现的画笔主要选用水彩画笔，也可选用国画与书法的毛笔。一般要求画笔的含水量大且弹性好，故画国画的大白云笔就非常理想。作水彩表现时需配备大、中、小三种型号的画笔，其中大白云或中白云应有两支，一支用于渲水，一支用于渲色。此外再准备一支狼毫小笔，如点梅、叶筋以便用来画细部，另还需一支底纹笔与一把板刷用于大面积的表现，使表现的时候更加方便。

（3）水彩用纸

水彩表现的用纸比较讲究，纸质的优劣直接关系到表现时水与色的表现及其把握的难易程度，甚至关系到一幅表现图整体的成败，所以作水彩表现时对用纸的选择是十分慎重与严格的。其判断的标准首先用纸要白，因为水彩颜料是透明的，色彩表现的效果依靠底色来衬托。所以用纸越白，越能衬托出色彩的本来面目。而画面中的亮部由待留出的白纸来表示，这样用纸不白就会降低高光的度数，影响画面效果的展现。

其次水彩用纸表面要能够存水。这样就要求纸的表面有一定的纹路，但纹路不宜太大，以免难以"靠线"，水彩用纸既有一定的吸水性，又不过于渗水。另外还要求水彩用纸遇水后不能起翘，这样就要求纸稍厚一些。通常过于光滑的纸面吸水性差，不适于进行水彩表现。

（4）水

水彩表现是通过水和颜料调和来进行建筑表现的一种技法语言，它靠水分的多少来控制画面的不同明度。在进行渲染及表现色彩层次时，调配颜色用水溶解，水色渗化交融，从而使画面产生色彩淋漓、流畅湿润的艺术效果。所以，水也就成了水彩表现的主要材料。另外还要用水来做清笔之用，在表现过程中应及时更换清笔用水，以免因水分中混杂的成分而影响画面的表现效果。

（5）调色盒

用于水彩表现的调色盒与调色盘应越白越好，其性能以不受渗透性颜色污染为好。目前市场上出售的一种带有弹性的白色塑料调色盒，格子大且数量多，又不易让颜料相互渗透，是一种较好的调色盒。该调色盒内有一长格是专供放笔或揩布用的，为此布必须经常湿润，装好颜料以后，再覆盖一层薄海绵，以便使颜料能够经常保持润湿，方便使用。此外还应注意，色彩盒在使用后，除盛颜料的方格外，其他调色位置均需清洗干净并关紧盒盖，以免下次使用时新旧颜色混杂。

调色盒中的颜料最好按色轮的顺序排列，这样邻色之间不致互相污染。以下为调色盒中的颜色排列方法，是从明度与色相接近、减少污染的角度来排的，这对于初学者来讲是非常具有参考价值的。它们具体排列如下。

第一排格：普蓝－翠绿－淡绿－湖蓝－钻蓝－青莲－熟褐－赭石或土红－土黄－淡黄－白。

第二排格：黑－深绿－中绿－草绿－群青－玫瑰红－深红－大红或朱红－橘红或橘黄－中黄－柠檬黄。

（6）其他工具的应用

水彩表现图的绘制除了需用以上工具材料外，作画时还需将纸裱在画板上，因此画板也是进行水彩表现的重要作画工具。另外还需一个储水瓶、洗笔罐以及渲染用的若干小碗或小盅，一块海绵，最好还有一个喷水壶，以用来喷洒水雾湿润表现用纸。有条件的还可配备一个电吹风，用于第一遍渲染之后以及潮湿与低温天气时使用，从而能够加快画面的干燥速度。其他辅助材料还有勾画底稿的铅笔、刀片，裱纸用的浆糊及防止灰尘的白色盖板布等用具，它们都是水彩表现图绘制中所必需的作图工具与材料。

4.2.2　水彩表现图的作图要点和基本技法

1）水彩表现图的作图要点

（1）水的运用

水彩表现的特性主要是依靠水的运用来进行画面表现。初学者用水时往往会出现两种弊端：一种是不敢用水，作画时颜色中的水分极少，使画面干枯死板，从而失去水彩表现中水色融合的感觉；另一种是用水过度，常常造成画面中水流满面、一片模糊与物象不清等状况，最后出现难于控制的局面。

在了解水彩表现的这种特性后，初学者应通过练习逐步地摸索出水色混合后在画面中产生的各种效果，要善于控制水量与干湿的时间，并逐步学会在不同的季节、气候、地理位置、空间环境等对水彩表现产生影响的预防措施与补救办法。另外对画面中表现的对象，要具体分析哪些应用水多，哪些应用水少，从而掌握不同的表现手法。

（2）色的运用

在水彩表现图的绘制中，颜色是画面的核心，它的艳丽与动人心魄的艺术感染力，全借助于水赋予它以生命与灵魂，从而产生丰富的层次、透明的韵味及诱人的色感。然而对于初学者来说，怎样才能把色彩运用好呢？

①要运用相关的色彩基础理论，学会观察、分析、掌握色彩的变化规律。

②需要熟悉水彩颜料的特殊性质，逐步掌握并运用水彩颜料的优点。

③刚开始时不宜用色过多，先用少数几个色，待逐一熟知它们的色性与调配分量及变化规律后，再大胆地实践。直至掌握颜料与水分的调配比例后，即可步入运用自如的境地。

（3）纸的运用

在绘制水彩表现图时，纸是颜料与水在画面上表演的"舞台"。人们往往在看到一张出色的水彩表现图时，总是首先夸奖其色彩效果与水分效果如何如何，却很少有人注意到纸的运用。其实，一张成功的水彩表现图同样需要有优质的表现用纸作为基本的保障。而质地优良的渲染用纸，会使作画者下笔如有神助；反之，质地粗劣的表现用纸就难免不给作画者带来困扰或失败。可见对表现用纸的选择与其性能的把握，即是进行水彩表现的重要技术保障。

用于水彩表现图的纸，是上过矾或在纸面涂有一层均匀的胶液，否则就会有渗透的现象；水彩纸还要有一定的厚度，在作画前需将纸张裱在图板上，这样遇水时才不会过分变形或起皱，通常选用100 ~ 300克的纸为佳。另外，水彩纸还需有良好的韧性，否则是难于承受上色过程中反复的渲染。而正规的水彩用纸还有纸纹，如"云纹"与"布纹"等，表现前可依据表现对象的特点来进行挑选。再就是水彩纸越白越好，因为水彩表现的最高明度即是留白，纸白则反差强烈，色彩也更加鲜艳；若用有色纸表现，可利用色纸作基调，亮部用白粉点出。

此外，水彩渲染不宜用水彩写生的水彩纸，而是用专用的渲染用纸，而且水彩纸切不可受潮发霉，也不可受日光照晒，否则纸面容易发黄，故要将纸封好，贮藏在避光且干燥的地方平放保存。对于初学者来说，不要一开始就用价格昂贵的水彩纸，可以先选择一般性的绘图纸张做基础练习，待达到一定的熟练程度后，再用水彩纸进行绘图，就会如虎添翼了。

（4）时间控制

这里所说的"时间"，不是指作一幅水彩表现图需要的时间长短，而是指在作画过程中这一笔与那一笔之间相隔时间的长短。对于初学者要注意这样几点。

①在绘制水彩渲染图时，如两色湿接时要掌握干湿火候，需用自己的实践去体会分寸，如前后两色叠加时，必须等前色干透后才能渲染第二遍色。

②在水彩表现的过程中，为了追求表现某种特殊的画面效果，运笔该快则要快，该慢则要慢。尽量做到在抢时间时要果断，等时间时要耐心，这就是水彩表现中时间控制的技巧，也是绘制水彩建筑表现图的核心问题。另外，画幅较小的水彩表现图要比画幅大的绘制在时间控制上要容易掌握得多，故初学者在学习水彩表现图的绘制练习时，即可从画幅较小的水彩表现图的练习入手，且逐步进行时间控制经验的积累。

2）水彩表现图的基本技法

首先必须掌握水彩表现的运笔方法及其一系列的基础练习与训练内容。通过一个时期的学习与训练后，初学者可逐渐了解水彩颜料的表现性能，掌握画面水分的应用与渲染运笔的基本技巧，从而为未来绘制建筑水彩表现图打下良好基础。因此，对水彩表现基本技法的把握，必须从以下几方面的学习与训练开始。

（1）运笔方法

对水彩表现图运笔方法的学习，主要有以下三种方法。

①水平运笔法（见图4-89）。就是指用大号笔作水平移动，以适应大片渲染画面的绘制，诸如天空、地面与大块墙面等，就可采用这种运笔方法。

②垂直运笔法（见图4-90）。就是指用大号毛笔作上下移动，但运笔一次的距离不能过长，以避免上色不均匀。另外在同一排中运笔的长短要大体相等，要防止过长的笔道使水彩颜色急骤下淌。这种方法主要适宜作小面积表现中应用，特别是表现垂直长条形的物体。

③环形运笔法（见图4-91）。就是指用大号毛笔作水平方向的环形搅动，常用于退晕表现。一般在环形运笔中笔触应能起到搅拌作用，以使后加上去的颜色与已涂上的颜色能在运笔过程中不断得到均匀调和，从而使图面呈现柔和的渐变效果。

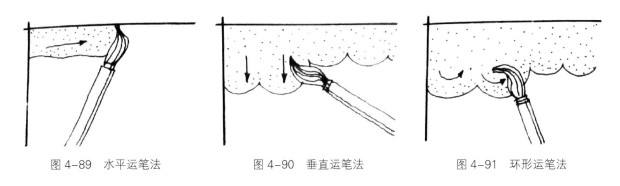

图4-89　水平运笔法　　　　图4-90　垂直运笔法　　　　图4-91　环形运笔法

（2）基础练习

①平涂法。将颜料加水，调成所需要深浅的色水，将饱含色水的画笔，落笔后即从左到右地带动色水，并不断补充纸上的积水（由于被纸吸收而减少）。运笔时要快速、均匀，尽量不让笔锋触及纸面。笔到右端尽头后，将笔重新移往左端并往下将积水引落1～2厘米，再次从左到右进行渲染，直至积水引落至图面底部。提起画笔，用两指挤干笔中含水，使笔尖呈平头状，插入纸边积水中（不要碰到画面）吸水，再挤干笔中所吸色水，直至积水吸尽。平涂法表现可使图面色彩非常均匀（见图4-92）。

②退晕法。用水墨或单色采用退晕表现后，画面得到由浅到深或由深到浅的色彩变化。其做法是，第一次运笔到底并开始运第二笔时，在纸面的积水中，再加入少些深色水，调匀后，引下一格作为第二遍渲染，如此重复至表现完成。物体的面受光源或反光的照射时，近光源者亮，远光源者暗，这就可以用退晕法来表现。采用由浅到深的退晕法可以获得较好的效果；采取由深到浅的表现，对于初学者来说，难度比较大，容易失控（见图4-93）。

③接色法。画面需要表现出两种或两种以上色彩时，可用接色法处理。接色法有干接法和湿接法之分。

干接法，也称干擦法，即在原有有色画面上的一端，侧笔涂刷第二种水色直至所需位置停笔，再用清水将两色交接处轻刷，使画面呈现两种色彩，交接处也无接痕。干接法速度快，效果好，可增强画面光彩感，因此在画小面积的画面中常被采用。

湿接法，即两色或多种色水，在一遍表现中连续完成。形成手法略异，有规则湿接、不规则湿接、一笔多色和湿叠四种（见图4-94）。

规则湿接法类似退晕法。例如用黄色、群青两种色水，先由黄色水由上往下渲染，逐渐在积水中

   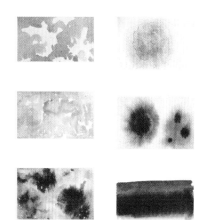

图 4-92 平涂法　　　　图 4-93 退晕法　　　　　图 4-94 湿接法

加入蓝色水，继续往下渲染至完成，呈现黄色、绿色、蓝色均匀过渡的三色画面。这种画法在表现大面积画面时极为方便，效果很好。若是表现小面积画面，则可用不规则湿接法解决。

不规则湿接法的特点是，笔中含色水少（不是积水渲染），一色落笔后，二色接连跟上……画面出现各色鲜艳的彩斑，两色间无接痕，由于互相渗透而呈合色。表现面积较大时，要把图板放平，以控制色水自由流动，也可以在放平图板之后，用一种底色表现在较大的画面上，但在画面的若干部位要留出不规则的、有大有小的底色，趁湿时用笔（含水要少）在露出的底色上点上其他颜色。此法手法简便，效果很好。

一笔多色法，用笔让笔肚包含一种色水，再在笔头前部蘸上较深的另一种颜色，最后用笔尖蘸上深色，落笔后顺势拖走，呈现具有退晕效果的画面。小面积表现时常采用此法。

湿叠，即在画面湿水后，用笔蘸浓色描绘，可产生朦胧的表现效果。

④沉淀法。一些水彩颜料在表现时，有不溶于水的微细色粒沉积于画面上，呈现均匀的色斑现象，在表现大面积的天空、地面时，利用色彩的沉淀效果，可以打破单调的画面而增添情趣。群青、熟褐、赭石、湖蓝都是有沉淀的颜料。采用不同的方法又可以获得不同的沉淀效果。色水在画面上停留的时间越长，沉淀越多；积水多沉淀也多；图板倾斜角度小则沉淀多；纸的粗糙面比光滑面易于沉淀；将画纸用海绵均匀刷毛后表现，可以增加沉淀；用橡皮在纸面有意识地局部擦毛，表现后就会出现由沉淀色斑组成的各式画面，这也是常被运用的表现方法（见图 4-95）。

⑤洗涤法。当表现失手时，可以将图板斜搁在水池上，一面放水一面在画面上用泡沫海绵轻轻反复洗涤，洗去色彩后，先吹干纸边以防开脱，待吹干画面后就可继续表现了。小面积洗涤时，可以先在需要洗涤的画面上湿水，再撕落一块豆瓣大的泡沫海绵块，用直线笔夹紧，蘸水后洗擦画面。若直接用笔在画面上洗涤，则效果不好，这是因为笔毛长而软，

 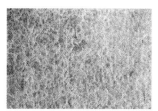

图 4-95 沉淀法

无法加力洗涤，因此速度慢，又易在洗涤周围产生水渍（要注意趁湿把水渍除去）。一般水彩画纸都能经受得起洗涤，也不会影响重新表现的效果。若多次洗涮画面的重要部位，纸面起毛，再表现会有少量渗化现象而影响色彩清晰度，则可改用水粉或水彩加白粉表现。

补救失手的画面不是洗涤法的唯一用途。洗涤法也是使画面产生奇妙效果的积极手段。例如，在已表现完成的画面中，通过洗涤法可以除去积在画面上的浮色，增强画面的透明感；在全部刷湿画面后，按要求进行局部洗涤画面，作色彩和深浅的重新布局；还可以趁湿加色、点色。最后还可以对画面渲染一遍，从而获得透明感好，色彩丰富、鲜明，以及含有沉淀、退晕、叠色等多种效果的奇妙画面。

⑥擦刮法。对已表现过的画面用刀或橡皮进行再加工，可获得特殊画面效果。在圆柱面上，若能留有高光，或在画面重要部位的墙面留有高光，可以增强画面的光亮感。用两张薄纸平铺在高光部位的两侧，用橡皮轻擦留出的画面部分即成。若改擦为压掀，用于阴暗面，则产生反光效果。

用针或单面刀片，以一定的斜度快速刮动，在纸面即可出现带有破刺状的刮纹。若是在深色画面上刮动，则得白色刮纹。若在白色画面上刮动，再用色水渲染后，画面中可隐现深色线纹。这在描绘大理石、花岗石表面时采用，有逼真的效果（见图4-96）。

图4-96　擦刮法

⑦枯擦法。毛笔蘸上少量色水后，用侧笔快速扫过画面，可在纸面上露出斑白。此法用于水面、地面表现时，呈闪烁光点感。这也是一种简化、抽象的处理手法。

⑧综合叠色法。在用水彩或水粉表现好的画面上，为获得富于变化或反光等要求，可以用铅笔、彩色铅笔、钢笔等进行表现。此法速度快，效果也不错，一般在深色画面上可以用浅色笔表现，在浅色画面上加深色笔表现。运笔可以是点、短线或卷曲的连续线，均可取得效果。也可以先画线再表现，则在有色的画面中有轻淡隐纹，可以取得一种特别的效果（见图4-97）。

图4-97　综合叠色法

⑨喷色法。用牙刷蘸色水后括擦铁窗纱或利用喷壶，可以获得雾状色点，均匀喷布于画面，也可以喷第二第三遍叠合，也可以用不同色水喷播。若用现成的喷笔进行喷色，则更为方便，效果也更好（见图4-98）。

初学者在练习中需要进行反复尝试，以获取一定的感性认识与经验。此外，以下几个方面的问题在水彩表现图的绘制中也需要注意。

a.画板角度应与水分干湿的调整及天气有关，一般在晴朗干燥的天气

图4-98　喷色法

里画板角度要尽量小些，阴雨潮湿的天气里画板角度要适当大些。

　　b. 调整色水等级与表现次数的关系，避免出现退晕明度层次上的脱节现象。

　　c. 控制好运笔速度，运笔的宽度与笔尖的含水量。

　　d. 培养耐心细致的作风，避免在水彩表现中出现急躁心情。

4.2.3　水彩表现室内局部与陈设的技法训练

　　在水彩室内表现图的绘制中，用水彩表现画面中的局部，其内容主要包括室内细部材料质感的表现与各种陈设品的表现等，具体如下所述。

1）室内空间界面的表现

　　用水彩表现的方法来表现室内空间的界面，无疑会比钢笔速写的表现效果更加逼真，更能体现物体的色彩关系。其具体的表现画法主要有以下内容。

　　（1）墙面的画法

　　由于现代建筑材料的迅速发展，用于墙面的材料种类越来越多，因而表现的方法也就各不相同。在具体的表现中，若是较光洁的、粉刷涂饰的墙面，一般依据墙面所确定的固有色，用退晕手法与冷暖变化的规律加以处理即可完成。为使墙面表现生动，可根据具体环境的情况，略加光影进行刻画，如表示植物的阴影、陈设的阴影等，均能收到良好的表现效果。

　　此外，室内墙面还有清水砖、乱石块、大理石、花岗岩及斩假石等做法，它们的表现画法如下。

　　①清水砖墙的画法。通常表现尺度较大的清水砖墙，应先用铅笔画出横缝与竖缝，其后渲染底色，然后用深一些的颜色加重一部分砖块并留出高光，砖块的颜色在画面上略有变化，即可表现出砖墙的材料质感与效果。在大片表现时要有适当的色彩、冷暖变化。绘制时先铺底色，用直线笔蘸上橙红色，在均匀划线的基础上局部绘出短线，可获得形象化的效果。铺底色可深也可以浅，深底要加淡色线，淡底则用深色线（见图4-99、图4-100）。

图4-99　砖墙的表现　刘媛欣

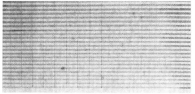

图4-100　砖墙的画法

②拉毛墙面的画法。在底色图面上，笔蘸淡色水，要求含水适中（不能多），将笔垂直图面，有轻有重地碰、捺画面，可呈现大大小小均匀组合的拉毛纹理（见图4-101）。

图4-101　拉毛墙面的画法

③贴面石材的画法。大理石与花岗岩等贴面材料，由于每块石料在色泽、花纹上有微弱的差别，加上天然石材纹路与色彩差异大，而人造石材的差异小，故在表现时要先渲染底色，注意不要太均匀，明暗差异可拉大，然后再加以细致描绘。当渲染完后，再用线条将其贴饰拼缝画出，其效果更为逼真。

④墙布的画法。墙布用于室内墙面、天花等，其形式多样（见图4-102）。

墙布线纹：先铺底色，用小描笔密集描绘线纹，可单色也可以多色，色调冷暖则应根据整个室内的要求作出安排。

墙布布纹：画面铺底色后，用直线笔在底面上划平行线条，再画垂直线条即成。线条可以是连续的，也可以是断续的虚线（用虚线笔画）。可用单色的线条，也可以多色线条组合成粗细不等的条纹、格子。

自由纹理：铺底后，用湿叠法加色点，干燥后用干叠法加色斑，最后用小描笔按照色纹描线即成。

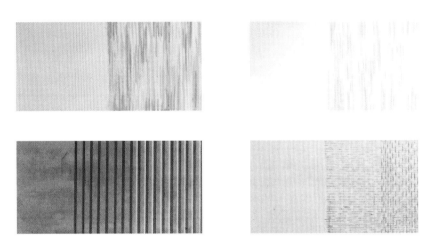

图4-102　墙布的画法

（2）地面的画法

①木板的画法。木料也是重要的室内装修材料，目前主要以板材的形式，板材有天然板材和人工复合板材之分，后者色彩极多，可择优选用。木板涂清漆使用时，能呈现出特殊的纹理效果。表现时

先铺底色，再以比底色略深且稍暖调的色水，描出纹理。纹理呈斜条形、直条形、"V"条形以及曲卷形等，有时也可点缀圆形（树枝与树干交接处都有此形呈现）（见图4-103）。

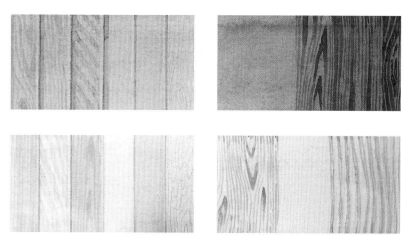

图4-103　木地板的画法

②大理石的画法。用灰白色铺底，趁图面湿润时，用灰黑色呈约30°的斜角划出平行线，线条要有长有短，有机组织，也可利用湿画法用曲线描绘，似山水景色，十分别致（见图4-104）。

图4-104　大理石的画法

③花岗石的画法。以深墨绿色铺底，趁湿用干笔在图面上擦出斑块，用湿画法叠黑色点，图面干燥后，深墨色花岗石中隐约透出黑点、白斑。

另以中度墨水铺底，用干画法叠灰白色小点即为黑花岗石。若铺色较深，灰白色小点偏灰，则看上去仍感太板太跳，可再用淡墨水在图面上平涂一遍，表现黑色白点花岗石（见图4-105～图4-107）。

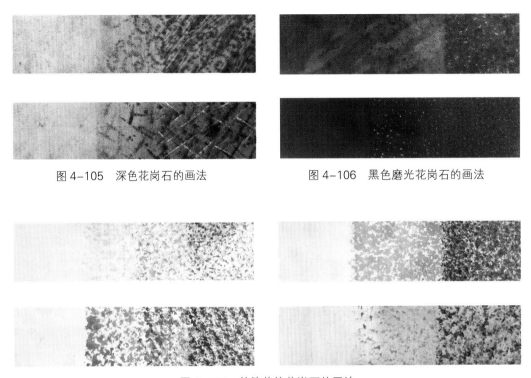

图 4-105　深色花岗石的画法　　　　　图 4-106　黑色磨光花岗石的画法

图 4-107　其他花纹花岗石的画法

④水磨石的画法。彩色水磨石，是由白水泥、颜料以及白石子制成。绘制水磨石时，先以彩色水泥色为底色，再以较深色留白平涂。此留白即为白石子，注意留白时，"石子"大小要有机搭配。再适当叠入深色点即成。也可以在铺底时，用湿叠绿斑，再按照上述办法表现，则石子显得有白、有绿、有大、有小，也别具特色（见图 4-108）。

图 4-108　水磨石的画法

2）室内绿化及陈设品的表现

（1）绿化植物的表现（见图4-109～图4-111）

图4-109（一） 植物的表现 赵玲

图4-110 植物的表现（二）

图4-111 植物的表现（三）

（2）陈设品的表现

在设计过程中，当描绘某一场所的布局时，经常需要绘制室内的陈设。设计师的工作是要对一个场所中如何摆放和布置陈设进行设计，而不是设计陈设本身。最好的办法是根据空间位置的要求，将已经设计好的陈设品摆放到场景中，而不是自己重新设计家具等陈设，自造的陈设会显得笨拙呆板，使一幅不错的作品在质量上大打折扣。

表现图中陈设的表现起着至关重要的作用。在表现图中加入陈设表现的时候，值得留意的是室内空间和陈设大小的比例关系，如果陈设比例画得不正确，不但会破坏整体画面的均衡，而且会影响设计的正确表现（见图4-112）。

家具由多种材质构成，木质表面（高光、哑光和不做漆的不同处理）、金属表面（镜面效果、拉丝处理过的哑光效果）、皮革表面（深棕色、棕色、浅黄色、米色、淡绿色等）、纺织品表面（单色的、带条纹和图案的）、柳条藤条等藤制品表面、玻璃表面（白玻璃、磨砂玻璃和各种艺术玻璃）、石质表面（天然花岗岩、天然大理石和各种色彩的人造石），在表现的过程中应做不同的处理。在一个场景中可能有多种材质的家具出现，那么在同一光环境中，不同材质表面的家具，它们的反射效果是不同的。对于反射高的材质，可以在平涂完基色后，果断采用一些笔触来表现光线及物体的折射效果，并在物体的转折处适当地加以高光处理。对于反射较弱的材质，运用分级刷色的技巧很容易表现其效果。注意材质基色在不同光源中所发生的微妙变化，以及物体的立体效果和远近的虚实关系。如果在绘制过程中能注意到以上几个方面，那么表现起来并非难事（见图4-113 ~ 图4-121）。

图4-112 陈设品的表现 关薇

图4-113 陈设品的表现 詹智嘉

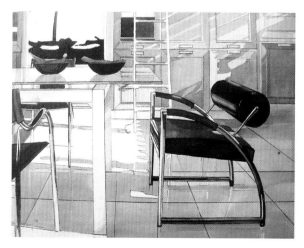

图 4-114　陈设品的表现　胡家宁

图 4-115　陈设品的表现　姜璐

图 4-116　陈设品的表现　詹智嘉

图 4-117　陈设品的表现　何为

图 4-118　陈设品的表现　许子成

图 4-119　陈设品的表现　姜鹏 　　　　　　　　图 4-120　陈设品的表现　姜璐

3）室内玻璃及镜面的表现

（1）玻璃的画法

为室内采光，在建筑外墙面上设有很多玻璃窗。特别是现代建筑中玻璃幕墙的出现，使整幢建筑就像巨大的玻璃盒子。因此，表现好玻璃就显得十分重要。玻璃具有透明、反光以及镜面的特性。要研究它所在的环境和光线，才能把各种玻璃的质感充分表现出来。

玻璃的颜色往往是反射了周围的环境的色彩。当白天室外光线较亮时，可以透过玻璃见到室外的景物。镜面玻璃则可以将环境的一切都照出来，但表现时要注意，物在镜中的像，其方向是相反的（见图 4-122）。

①透明玻璃的画法。如表现玻璃后面的书房，先可以将书房里的四周墙壁、天花板、地板、窗帘以及家具进行有选择地、简略地表现出色彩、明暗等，干燥后用玻璃的本色或灯光的光源色，用退晕

图 4-121　陈设品的表现　关杨 　　　　　　　　图 4-122　玻璃与金属的表现　曹凤

法将玻璃面全部渲染一遍（要选用透明性颜料），则书房的景色隐约可见，再将直线笔用色水画出门、窗框，并对落影部分的门、窗框用深色加重，就显出层次，也增加了透明感。若灯光能直射入室，能在墙面、地面上显出阴影，则透明感更强。

②反光玻璃的画法。可先铺底色（玻璃的固有色），由于众多门窗、陈设有微妙的角度差别，而门窗上的玻璃除反映固有色外，有的门窗受周围环境的影响会反射其他的色彩。在较大面积的玻璃墙面上，也可以表现出部分透明，部分反射，其表现效果也是很好的。

③镜面的画法。镜面可以把对面的桌椅、植物等环境都反映其上。先将对面的桌椅、植物等用原景物的色彩表现，再用玻璃的固有色色水由深到浅渲染一遍，并由铅笔或直线笔划分玻璃。在表现中要注意的是，镜中景色描绘不能太细，要概括化，以免画面繁琐杂乱。最后一遍色水，不能用有沉淀的颜料（见图 4-123 ~ 图 4-125）。

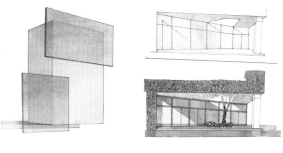

图 4-123　玻璃的画法

图 4-124　室内玻璃的表现　李倪军

图 4-125　室内玻璃的表现　籍伟

（2）金属板材的画法

铝板材、不锈钢板材等金属装饰材料被广泛地应用在建筑室内外装修上。其表现方法，与对玻璃的表现一样，要表现出反射效果、镜面效果，最后加一层固有色即可。现在要补充介绍的是，镜面不锈钢大圆柱的表现方法。镜面不锈钢圆柱与镜面不同，圆柱镜面是单曲面，如哈哈镜，使照出的景物产生奇异变形（高度不变形，宽度越远越窄）。再一点是，描绘镜中景物时要概括，不然既表达不清楚，又显得繁乱，从而影响整个图面的表现效果。一般的要求是：高光可白色，反光要强烈，在把柱子表现完后加入深色条纹，要有明显的退晕效果（见图4-126、图4-127）。

图4-126　金属的表现　许子成

图4-127　金属的画法

4）室内纺织品的表现（见图4-128 ~ 图4-130）

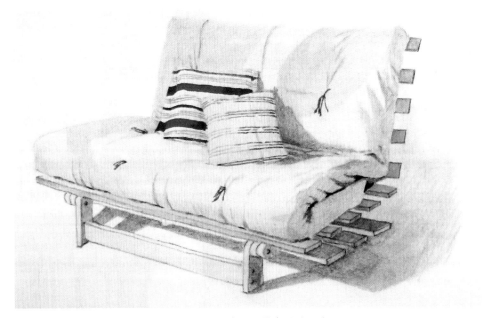

图4-128　纺织品的表现（一）

图 4-129　纺织品的表现（二）

图 4-130　纺织品的表现（三）　刘媛欣

4.2.4　水彩表现技法作图步骤与常见问题

在这里，我们选用两套效果图分别作步骤介绍。

1）第一套　客厅水彩表现技法作图步骤

①步骤一：用 HB 铅笔直接在水彩纸上打轮廓。由于水彩很难修改，所以在绘制时要精确、仔细（见图 4-131）。

②步骤二：用大一点的画笔绘制出大面积的颜色。在绘制时，可以采用平涂的手法，也可以采用渲染的方式，但无论采用什么方法，都应该根据画面要求和光影的位置，画出明暗层次。初学者在难以掌握的情况下，可以先将颜色画得浅一点，再逐渐加深（见图4-132）。

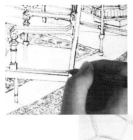

图4-131　步骤一　　　　　　　　　　　　图4-132　步骤二

③步骤三：根据物体的质感和光影效果以及色彩等进行深入地刻画。在本环节，特别注意的是在刻画物体质感和色彩时，不要只注意光照效果，还要考虑环境色的影响，一些特别细小的环节可以省略，待完成此步骤后，视整体效果来决定要不要添加（见图4-133）。

④步骤四：最后调整完成。在这一阶段，要把以前没有画好的部分绘制好，没有完成的细节部分画出来；颜色深的部分要深下去，浅的部分要衬托出来；质感不明显的要加强质感，反光效果不明显的要洗出反光。最后还要根据需要决定是否添加装饰品，比如绿化、装饰画等（见图4-134）。

2）第二套　客厅水彩表现技法作图步骤

①步骤一：用HB铅笔直接在水彩纸上打轮廓。由于水彩很难修改，所以在绘制时要精确、仔细（见图4-135）。

②步骤二：用大一点的画笔绘制出大面积的颜色。在绘制时，可以采用平涂的手法，也可以采用渲染的方式，但无论采用什么方法，都应该根据画面要求和光影的位置，画出明暗层次。初学者在难以掌握的情况下，可以先将颜色画得浅一点，再逐渐加深（见图4-136）。

图 4-133 步骤三

图 4-134 步骤四

③步骤三：根据物体的质感和光影效果以及色彩等进行深入地刻画。在本环节，特别注意的是在刻画物体质感和色彩时，不要只注意光照效果，还要考虑环境色的影响，一些特别细小的环节可以省略，陈设品在此步骤先不画，留白待完成此步骤后，视整体效果来决定添加效果（见图 4-137）。

④步骤四：深入刻画阶段。在这一阶段，要把以前没有画好的部分绘制好，没有完成的细节部分深入画出来；颜色深的部分要深下去，浅的部分要衬托出来；质感不明显的要加强质感，反光效果不明显的要洗出反光（见图 4-138）。

⑤步骤五：最后调整完成。在这一阶段，要把以前没有画好的部分绘制好，没有完成的细节部分画出来；颜色深的部分要深下去，浅的部分要衬托出来；质感不明显的要加强质感，反光效果不明显的要洗出反光。最后还要根据需要添加陈设品，比如绿化、装饰画等（见图 4-139）。

图 4-135 步骤一

图 4-136　步骤二

图 4-137　步骤三

图 4-138　步骤四

图 4-139　步骤五

4.2.5　水彩表现技法作品推介

该作品充分烘托了教堂的神秘和神圣，是一幅极富艺术性的渲染图（见图 4-140）。

图 4-140　教堂 Elsworth Story

这幅作品是一个豪华酒店中的一个重新设计的法式餐厅的效果图，充分表现了餐厅空间的比例，疏密得当。自然采光和吊灯照明表现得十分充分，特别是　对于材质的表现极为生动（见图 4-141）。

画者注重整个色调的把握和质感的表现，特别是玻璃的质感（见图 4-142）。

图 4-141　法式餐厅　David Hicics

图 4-142　候机厅　李倪军

画者通过光影很好地体现了室内的空间感（见图 4-143）。

图 4-143　营业厅　张鸿

色彩冷暖和笔触的运用很好地表现了光感和舞厅的特征。局部采用水粉和喷绘法提出高光（见图 4-144）。

图 4-144　歌舞厅　张宇

周边较暗，视觉中心较亮，笔触到位，光感较强（见图4-145）。

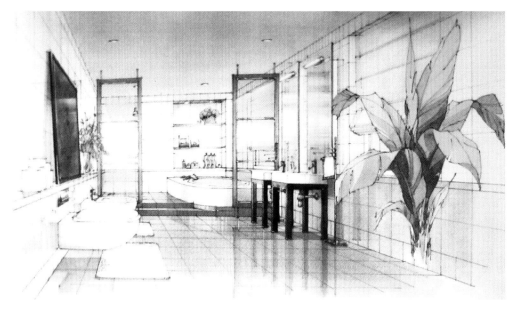

图4-145　卫生间　何为

色彩统一和谐，充分运用了水彩透明纯净的特性，植物的表现更使画面轻松活泼（见图4-146）。

图4-146　客厅　何为

注重对水彩特征的发挥，利用水彩的透明性和细腻感，表现光线的微妙和绚丽（见图4-147）。

图4-147　酒吧　蔡琪

注重表现玻璃、金属的质感，实现空间的整体质感效果，画面清透、明确（见图4-148）。

光和色是画者表现和平衡画面的重点，通过明暗的处理营造阳光斜照的感觉（见图4-149）。

作品中木质地板、木质花瓶和藤质家具质感表现较为细腻，体现出了水彩纯净透明的光影效果（见图4-150）。

图 4-148　共享空间　曹凤

图 4-149　大堂休息区　刘建辉

图 4-150 室内一角静物 廖方方

4.3 水粉表现技法

水粉表现在室内表现画中是十分常见的表现方法。由于水粉画材料的特性，它的表现力强，形体结实，色彩鲜明强烈，变化丰富，艺术效果好。

首先要明确，室内表现图不同于一般的室内色彩写生，对一般性的色彩变化规律，在原则上与色彩写生是一致的。但室内表现图以体现设计意图为目的，因此，对造型的严谨性，色彩的真实性，要体现得充分合理，而不能一味追求色彩的丰富变化。

4.3.1　水粉表现技法所用工具及特征介绍

水粉画的工具主要为水粉颜色、水粉笔、水粉纸。

水粉色是用水调和的颜色，但不同于水彩。水粉色是一种不透明的颜料，水分的多少只能改变颜色的稠度，不能改变颜色的深浅。白色在水粉中起着调节颜色深浅的作用。由于水粉色的不透明性，水粉颜色具有较强的覆盖性。一般来讲，水粉表现通常是先着深色，后着浅色，用较稠的浅色覆盖在深色之上。水粉画由于有较强的覆盖性，因此，在表现形体和色彩关系时，便于调整和修改。另外，水粉颜色有一个特殊性，也是在初学时较难掌握的，即颜色在湿的时候较深，干后则变浅，因此，在着色时要考虑这一因素。

水粉画兼有水彩的淋漓轻快感和油画的层叠厚重感，可以干画，也可湿画，可以透叠，亦可覆盖，也可干湿结合。干画法用水相对较少，可产生颜色的层次变化和笔触的美感，形体表现结实、厚重。湿画法是利用水分的控制，使颜色自然相融，产生柔和的色彩过渡和虚实变化。

笔：水粉画的用笔，通常选用水粉笔，应大、中、小号齐备，衣纹笔和一支板刷也是必备工具，在画面的细部和大面积的天空表现时需要用到。另外，水粉笔有羊毫和狼毫之分，两者稍有软硬之别，根据需要可任意选用。

纸：水粉画对纸张要求不十分严格，选用一般的水粉纸即可，根据需要，也能在有色纸上绘画，但应将纸张裱在图板上，便于操作。

特殊工具：对室内表现图而言，还需要一些特殊工具，如槽尺、遮挡纸等。槽尺是用来画线的，现在市场有成品槽尺，也可自制。在塑料尺上刻划一条凹槽，作为支撑笔的滑槽。遮挡纸是用来界定图形边线的，可根据需要选用。

4.3.2　水粉表现室内各材质的技法训练

室内设计表现图，反映设计意图和设计的真实效果。这需要掌握室内经常出现的主要材质要素的特点。

对于室内空间中的各种材质要素，要根据室内空间的整体关系来把握，做到主次分明，对比适度。不可一味强调局部对比关系，而造成画面过乱。另外，充分利用水粉画的干湿结合方法合理表现材质。

室内木材的表现：室内木材多出现在室内的木制装饰和木制家居以及木地板上。对木材的表现，首先要确定木材的色调，有深色的木材，有浅色的木材，确定了木质的颜色后就可先画出大的色调关系，表现出木材的颜色变化。要特别注意，木材纹理如无特殊需要，不可过分强调，否则会使人感觉木质非常粗糙。在表现木质时，要注意笔触的方向，可通过笔触拉出纹理来表现，并根据需要表现出木质的反光以及转角处的高光变化（见图4-151）。

如果是地面的木地板，则要表现色彩的远近变化，同时要适当表现地面倒影。对地面的表现可采用湿画法，这样颜色衔接自然，色彩明快（见图4-152）。

室内石材的表现：室内的石材多出现在室内墙面和地面上，由于石材有其自身特有的纹理和一定的光泽度，在表现时要注意运用色彩的冷暖和深浅变化反映这一特征。

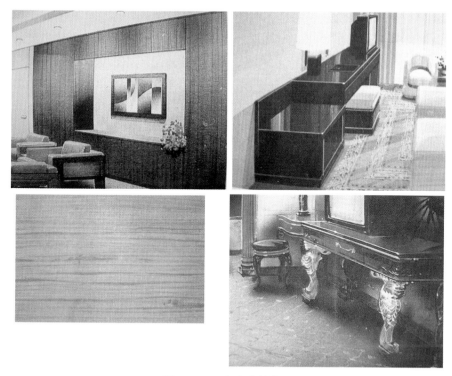

图 4-151　室内木材表现

图 4-152　木地板表现

花岗岩石材表面纹理是结晶状的颗粒。在表现这一类的石材时，要先画出大面的色彩变化，然后点画出颗粒状的纹理。石材有较强的反光性，在表现石材时根据画面需要画出反射的倒影（见图4-153）。

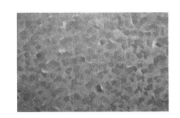

图4-153　室内石材表现

大理石的表面纹理多是一些不规则的线条，先画出石材的色彩倾向和颜色变化，同时表现出石材的反射，然后勾勒纹理，纹理的笔触不可太死板（见图4-154）。

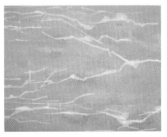

图4-154　大理石表现技法

文化石等，这一类石材由于石材表面本身有凹凸不平的变化，因此在表现时，既要考虑整体的色调关系，又要根据石材的特征，画出石材的明暗变化，用笔要灵活，要考虑石材的受光面和背光面的关系。先铺整体色调，然后勾画石材暗面和石材的缝隙，再用亮一些的颜色提出受光面的边缘，表现出立体感（见图4-155）。

图4-155　文化石表现

室内金属材料的表现：金属材料大多具有较强的反光性，要结合形体和周围的环境来表现金属材质的质感。先画出金属材质大的色调和明暗关系，不管金属如何反光，在表现时，要考虑周围环境的色彩影响，控制大的色彩关系。在表现金属材质的变化时，要注意笔触的衔接自然（见图4-156）。

室内皮革的表现：室内场景中的皮革，多出现在沙发和墙壁以及一些特殊部位的装饰上。

室内场景中的皮革沙发大多采用一些归纳性的表现。在表现沙发的形体关系时，对转角处做一些褶皱的强化和色彩关系的对比。

平面的皮革表现，其色彩过渡要自然，不要有太大的色彩和明暗跳跃。同时，应根据室内光线塑造形体的转折和暗面（见图4-157）。

图 4-156　金属材料表现

图 4-157　室内皮革的表现

4.3.3　水粉表现技法作图步骤（见图 4-158～图 4-161）

图 4-158　步骤一

图 4-159　步骤二

图 4-160　步骤三

图 4-161　步骤四

①首先将设计方案准确地画出，能较充分地体现出设计意图，画面构图完整。

注：该步骤图选自《室内表现图技法》。作者：王爽、盖晶晶。

②将画面中起主导作用的大面积色块，如墙、顶、地画出，由于水粉色有覆盖性，在铺第一遍色彩时，可将颜色稍画深一些，作底色的铺垫。一方面注意画面的色彩关系，另一方面也要真实地表现出设计意图。

③进一步刻画顶棚、墙面、地面的色彩变化，表现出空间感和光感。

④大的色彩关系调整后，深入刻画砖墙的质感，壁画的凹凸变化，以及装饰立柱的造型变化，表现出物体的明暗转折，细节的整理，强化物体的质感。

4.3.4　水粉表现技法作品推介

①图 4-163，作品画面整体关系控制得非常好，墙、顶、地色彩关系既协调又有色彩变化。层次丰富，繁简适度。顶棚的色彩表现非常概括，冷暖关系控制较好。在画面的中心部位，明暗关系、色彩关系表现均很充分，很好地利用笔触的表现力，塑造出大厅中心灯火辉煌的空间氛围。在作品中，地面的表现也非常成功，生动、概括的笔触和色彩变化，很好地表现了地面的质感和空间感。

图 4-162　广州东方宾馆翠园宫装修设计　郑忠　作

②图 4-163，作品采用了水粉的薄画法，笔触轻松、流畅，色调淡雅、协调，作者抓住画面内的主要形体，充分刻画。近景中的立柱虽很概括，但圆柱的体积感和光影表现非常充分。服务台和近景的人物表现非常生动，用笔灵活，丰富了画面的效果。墙、顶、地的表现则非常放松，虚实处理恰到好处，充分表现出建筑空间的体量关系和空间感。

③图 4-164，作品用色大胆，构图奇妙。通过大面积蓝色调的渲染，使整个画面笼罩在幽静、神秘的气氛中。入口处两侧的石狮形体刻画结实，体积感强，与大面积的蓝色背景形成强烈对比，而透过拱形门洞，人的视线集中在中心灯光闪烁的商业门面，构图奇妙。该作品能很好地应用大面积蓝色，简洁而不单调，局部的暖色调形成了精彩的节奏跳跃。

图 4-163 某办公大厅 佚名 作

图 4-164 广州东方宾馆翠园宫装修设计 蔡文齐 作

④图4-165，这是一幅构图平稳的餐饮空间。作者使用了较多的薄画法，用笔灵活，节奏感强。在这个较小的空间内，作者对墙、顶、地各造型要素塑造得较为充分，尤其是笔触的穿插跳跃较突出。画面中黑色石材墙面的处理体现出较强的表现力，干净利索的笔触及空白很好地表现了石材的质感和光感，活跃了画面的气氛。

图4-165　广州东方宾馆翠园宫装修设计　黎陈　作

⑤图4-166，作品对空间的光影表现和笔触的应用非常成功，从墙面到室内所有陈设均能看到作者对画面整体的控制能力，近景座椅的深入刻画，强化了室内的空间感，在强弱、虚实的对比中丰富了画面的层次。画面中，中心墙体的深浅、冷暖变化，过渡自然、层次丰富，笔触的表现力非常强。在顶棚表现中，可看到横、竖交错的笔触将原本平淡的形体表现得非常生动，并使之与画面的关系浑然一体，在顶棚大块笔触的衬托下，更突出室内陈设的精细。

⑥图4-167，作品为大型的共享空间，在整体与局部的关系处理上有一定难度。首先墙面的冷暖关系控制得当。墙体上局部的色彩变化，均统一在大的色调之内。由于该共享空间为采光顶棚，因此，在墙体的表现上，从上至下的冷暖色调变化，将天光的气氛营造出来。通过观察可以看到，墙体受光面相对偏冷，而墙体转折的暗面则相对偏暖，并且对暗面的反光处理也使墙体的色彩变化干净、透亮。

图 4-166　某餐厅设计　佚名　作

图 4-167　某酒店共享大厅　佚名　作

⑦图 4-168，作品的整体色调为冷色，画面的整体关系处理得较好，并没有因为统一的冷色调而显得单调。该作品的亮点是对金属质感的表现非常成功。二层回廊不锈钢板，刻画深入，层次关系把握适度，没有过分强调金属板的反射及对比关系，保持了较好的整体关系。不锈钢圆柱的表现是画面中的重点，圆柱上金属板经过变形的反射，表现得真实、自然。图中金属质感刻画深入、细致，笔触很有表现力。在画面的整体虚实关系上，我们可看出，顶棚和地面作了相对放松的处理。保持了画面大关系的整体性。

图 4-168 北京丽京花园公寓商业中心中庭 王丽君 崔志霖 作

⑧图 4-169，作品较好地表现了室内外冷暖光线的变化，塑造了温馨的室内空间氛围。画面构图较好，小空间内丰富的形体变化，得到合理的组织，丰富而不零乱。作者着重表现了室内丰富的层次变化，室内暖色灯光所形成的暖色区域与窗外投入的冷色天光相互混合、衔接自然，色彩变化丰富。通过地面、墙面和室内陈设的冷暖色彩变化，充分体现了光的魅力。

⑨图 4-170，作品所表现的室内一角，刻画深入，形体结实，质感表现充分。冷色地面与暖色墙面的色彩关系较好地得到统一。作者对色彩协调与对比的把握很有功力，利用了冷暖色调相互的影响，暖色中有冷色的倾向，冷色中有暖色的变化，使得两个大的冷暖色得到协调。室内陈设的细节刻画生动、逼真，其中金属质感、皮革质感等都表现得非常充分。

图 4-169　别墅室内设计　金卫钧　作

图 4-170　室内装饰设计　黄海　作

⑩图 4-171，是一幅构图精美巧妙的作品，图中各空间要素虚实对比生动、自然。作者使用较薄的水粉表现，使流畅的笔触与物体的表现完美结合。画面中的顶棚与地面，虚实相映，用笔灵活，富有表现力。尤其是地面的刻画，既表现出地面光影的变化，又能通过轻松、流畅的笔触很好地衬托出餐椅的体量关系。

图 4-171 吉林省物贸中心职工餐厅方案 董赤 作

第五章 室内设计表现图的其他表现技法

5.1 其他表现技法

　　由于表现图是为了将表现的内容以视觉形象表达出来，是直观化、视觉化的图示语言，因此，从理论上讲，任何绘画工具和表现技巧都可以用来画出表现图。我们在很好地掌握前面提到的常用表现技法之外，还可以了解以下多种效果图表现技法。

1）透明水色表现技法

　　透明水色与水彩颜料有相似之处，就是透明，但固着力比水彩强，不易洗刷修改掉，叠加层数不宜过多，对纸张要求较高，起铅笔稿时，不要使用橡皮擦。如果使用透明水色表现，需先了解其性能再使用。室内环境透明水彩表现图，其形式构成包括勾线、色彩渲染、水粉高光点缀三个方面。勾线应准确精练；色彩渲染主要是从整体色调出发，作画过程中，不断地加深而不宜减淡；最后用水粉色来调整。透明水色表现图具有明快、流畅、一气呵成的特点，笔触又与马克笔的效果有几分相似。这种技法可以与马克笔、钢笔、油性笔、彩色铅笔、油画棒、色粉笔等结合使用以呈现不同效果。也可以作为色纸的底色使用（见图5-1）。

图 5-1 客厅（透明水色） 田菡 作

2）喷绘表现技法

喷绘也称喷色艺术，是喷与绘结合的造型艺术。喷绘与其他技法的不同点就在于借助气泵和喷笔或喷枪工具。喷绘的技巧主要体现在出气量和运笔的速度与角度控制方面。用不同的喷绘方法，可以制成光滑细腻或粗犷浑厚的画面效果。喷绘技法的优点就是能大面积表现色彩的渐变过程，擅长表现朦胧的景色、发光光源、光滑的玻璃、地面的光影效果。其逼真性近似于照相机在真实空间拍摄的照片，是手绘所达不到的，因此喷绘技法独具风采，适用于表现要求仿真的室内空间和形体。

喷绘所用的颜料主要是水粉或水彩或专用的喷绘颜料，主要技术是利用蒙版留出需要喷的画面，并不断改变所需要喷绘的部分。喷笔离纸面远时，喷出的颜料面积大，色彩均匀淡雅；相反，则喷出的颜料面积小、色彩浓艳。喷绘技法由于相对费时、费力而被现在快速的表现技法所疏远（见图5-2）。

图5-2　办公室（喷绘技法）　陈渐　作

3）铅笔表现技法

铅笔表现技法也叫素描画法，是表现技法中最久远的一种。铅笔画效果朴素典雅，借助具有丰富表现力的线条，表现不同质感的物体和空间感、层次感。不同型号的铅笔表达效果各不相同，用笔时着力轻重不同、运笔速度快慢、排线疏密等都可以表现出不同风格的铅笔画效果。铅笔表现图即可以表现出精致细腻的写实绘画效果，也可以表现概括写意的速写效果。还可以使用彩色铅笔，使用时利用不同轻重的排线、色调重叠以求变化，也可以配合有色纸表现含蓄典雅的气氛，或伴以淡淡的水彩，画出特殊意境的效果图（见图5-3）。

4）钢笔表现技法

钢笔画是每个建筑及相关专业设计人员必须掌握的表现技能之一，也是建筑绘画表现技法中一种最为基本的表现形式。钢笔表现技法是一种快速、准确而又十分简练的表现方法，经常练习钢笔画有助于提高对建筑物与周围环境以及各种生活场景的观察、分析及表现的能力。钢笔画在诸多建筑画表现形式中还具有易于掌握、画面效果易于统一的特点，因此，钢笔画就成为初学者学习建筑绘画表现语言里首先接触到的一种设计表现技法。

钢笔表现技法也叫素描画法，它是用钢笔取代铅笔或炭条所作的一种素描。与铅笔不同的是，钢笔表达的黑白、明暗对比更强烈，钢笔技法中的灰调子，只有利用线的排列、叠加、组合才能产生。整张钢笔画更多地需要用笔排列线条的长短、曲直、方向、粗细、疏密等产生调子变化和肌理效果。因此，钢笔画还是一种艺术性很强的黑白画（见图5-4）。钢笔画可以是单线白描，用相同粗细的线条表达物体，关键是运用线条疏密来组织画面和构图；也可以在单线白描的基础上，对物体的暗面稍加黑调子，使物体更具立体感和空间感；还可以使用粗线条表达近处的物体，而使用细线条表达远处的物体，这样表达视觉冲击力强，画面空间层次较明确。钢笔画技法的基本要求是写实，黑白灰调子变化丰富，但也可以用装饰手法表达生动的画面层次或者用简洁快速的手法表达。钢笔表现可以与彩色铅笔、水彩等手法结合起来，形成表现力更加丰富的多种其他效果（见图5-5）。

图5-3　建筑外观（彩色铅笔技法）
T.W. 沙勒（美）作

图5-4　餐吧（钢笔技法）　佚名　作

5）快速表现技法

快速表现中需要将重要的、决定性的体量或重要的辅助定位线精确求出，部分细节可以根据透视效果图的规律快速直接表达出来。这样在较短的时间里完成的效果图称为快速表现图。快速表现图体现了对传统观念的变革，展示了现代设计的新面貌和新需求。快速表现的方式很多，由于规定的限制较少，常常会采用新的工具，创造新的表达手法。总之，快速表现技法是随着人们的审美情趣、观念发展而产生的，适合于做多种方案效果图的推敲，节省了作图的时间并减少了繁杂的工序，深受现代年轻设计师的青睐（见图5-6）。

图5-5　会客厅（钢笔淡彩技法）　陈斌　作

6）电脑后期处理融入技法

这是将画好的表现图通过扫描仪或数码相机传入电脑，作品像素一般要求300dpi以上。在photoshop里进行后期处理、加工或者合成。一方面可以弥补绘画中的失误之笔，另一方面可以添补画面中需要的高光亮线。但最重要的还是通过电脑找准视点后进行电脑剪贴，这样做省去了在多轮方案中需要多次修改部分的重绘现象，而且电脑剪贴可以做到天衣无缝的表现效果。有不少现代的设计师采用

图5-6　客厅（快速表现技法）　郑孝东　作

这种技法，不妨一试。图5-7中的两幅图可在photoshop里做互换修改，以节省时间。

7）综合表现技法

随着绘画工具、颜料、纸张等的不断更新发展，表现手法也随之丰富多彩，可以说，只要能表达出设计意图的工具，都能拿来使用。所以，现代表现技法采用多种绘画工具综合使用来表现一些特殊效果。比如水彩与水粉结合，水粉与喷绘结合，水彩与喷绘结合，马克笔与彩铅、油画棒、色粉笔等

结合，钢笔与彩铅、水彩等结合，铅笔与彩铅结合，透明水色与水粉结合，中国画线描与马克笔、水粉、水彩等结合。各种技法的综合使用并无定法，可以大胆尝试，要在效果图表现技法中不断创新（见图5-8、图5-9）。

图5-7　客厅（电脑后期融入技法）　陈伟　作

图5-8　宴会厅（综合表现技法）　刘淼　作

图5-9　公司大堂（综合表现技法）　裴晓军　作

5.2 室内设计电脑表现图的介绍及欣赏

计算机辅助设计表现为室内设计表现图开辟了一个新的领域，并显示出广阔的发展前景。

电脑表现图能够非常真实地表现出设计效果，其逼真的材质、精确的空间尺度和变化以及良好的光线效果，得到广大设计师和业主的青睐。随着设计软件和硬件配置的不断更新，计算机表现的效果也在不断提高，目前已成为设计界运用得最普遍的重要手段之一。电脑表现图，目前使用较多的软件是 3ds max、Lightscape、Photoshop 等软件，通常我们使用 3ds max 建模型，Lightscape 作渲染，Photoshop 作后期调整和处理。

在 3ds max 建模中，首先应根据设计意图选择好画面构图，确定相机镜头。一般情况下，为了使空间视角更开阔，应选择广角镜头。

建模过程是对空间形态整体把握和控制的关键。由于计算机软件的虚拟三维空间，能更好地观察和思考室内各造型要素的空间关系，在建模过程中，可以更好地把握空间中各要求的相互关系。另外，对模型的整理也是很重要的，可以提高渲染速度。可以将许多不需要和看不到的模型删减，精简后的模型会加快渲染速度。

计算机表现图的另一优势是材质表现的真实感。根据设计意图，按照物体的物理属性赋予物体不同材质，特别要注意材质贴图比例。在操作的过程中可以更深入地了解材质所赋物体的结构，对空间有更深刻的了解。通常随着灯光的设置，会适当调整材质。

灯光设置是体现空间效果很重要的环节。对画面效果和物体表现起着非常重要的作用。灯光设置主要为设定主灯、辅助灯光和细节灯光。根据需要主灯可以设为日光，也可以设为主灯光，为了更好地表现室内的场景和内部空间的采光，可将主光位置设置得偏低一些。辅助灯光，是为了烘托主体，弥补一些渲染器的不足之处，辅助光的设置较灵活自由，可设置灯光的冷暖加强物体的对比，并根据物体的特征进行光影的塑造，增加视觉效果。细节灯光，主要用于细节的塑造，可根据物体的结构变化和意图需要，增强局部的戏剧性效果。

渲染，可在 3ds max 中渲染，也可在 Lightscape 中渲染，在对材质和灯光的反复调整后，就可进行渲染。为方便后期的调整，根据不同的材质进行通道渲染，为后期处理提供了方便的选区，加快了画面调整的速度。

在真实的环境下，灯光、材质和颜色是互相影响的。在软件渲染时同真实环境下是相同的。不过在软件里这些关系是用数值来调整的，多数是在材质上的调整。也就是说材质的颜色和反射率会影响到场景内光线的效果。灯光是亮度和基本颜色数值的输出单位，而材质是决定场景内最终色调的单位。两者都很重要。利用它们相互影响的性质可以创造出微妙的空间变化。灯光的设置上要注意色彩的倾向性。材质反射率要适度，颜色融合值不要过高，要恰到好处。而在色调上应注意不要用单一的颜色作为主色调，建议选用两种冷暖有对比意味的颜色，这样空间内的变化才会丰富。但应特别注意，颜色也不可过多，否则画面关系会很乱。

1）后期处理

画面的后期处理至关重要，画面中的许多色彩关系和效果都是经过后期处理完成的。

利用渲染通道，将各部分分层选择，有利于调整画面。先调整画面的整体关系，即墙、顶、地三者的关系。然后根据画面的关系，可做适度的提亮和加重，并可以加强一些色彩的冷暖变化。对画面中的一些不尽完善的细节，做进一步调整。最后根据画面需要点缀人物和相关陈设，增强画面气氛。

Photoshop 处理是对渲染图的不完善之处的再处理，需要作者有较好的美术基础，能够控制画面的整体关系，对空间、形体、色彩、质感等有准确和敏锐的把握。

电脑表现图是借助计算机进行辅助设计的，需要设计师有较全面的综合修养。同时需要设计师掌握计算机的基本操作技能。在计算机中通过造型、色彩、材质等要素表达设计意图。

2）电脑表现图欣赏

①某办公楼大厅：这是一个办公楼的入口大厅，这张图使用 3ds max 建模、Lightscape 渲染、Photoshop 后期处理。本方案利用空间形体的斜线变化着重表现空间的大气与力度。在颜色表现上，以红与黑作对比，体现鲜明的个性。在建模和光线处理时，均要有良好的控制。首先，根据设计方案设定相机位置，为了较全面地表现空间的整体气势，应选择广角，以便更全面反映场景。在建模时要注意模型的优化，尽量将不必要的面数删除。因为在 Lightscape 中场景越大网格也就越多，占用渲染的时间也就越长，所以还是能减则减。在做优化时应注意模型的完整，不要有漏面的情况发生。各物体之间的衔接处不要留有空隙，如果留有空隙，在 Lightscape 渲染时很容易出现污漏痕，而对齐的物体会大大减少污漏痕的数量，保证渲染的质量。建模时还应注意避免用实体堆积模型，建议多使用二维曲线建模，这样模型的可调整性大，也便于日后修改。场景中的空间关系的表现是通过光的设置来完成的。所以在灯光的设置上就应充分考虑大厅的自然采光和室内灯光的有机结合。主光源选择日光。在渲染时就会发现由于窗框太多，日光直射在地面时窗框的投影会显得杂乱，影响效果。所以在设置光源的时候建议只设置天空光而不设置太阳光。这样在渲染时以天空光为主，其他光源为辅，弥补主光源照射不匀的地方，则所营造的光线效果就会比较完整而不会杂乱无章。里面的植物和人最后进到 Photoshop 里进行添加。在 Photoshop 里还可以修正渲染时发生的错误或不完善的地方，并且可对空间关系作进一步调整（见图 5-10）。

图 5-10　某办公楼大厅设计　王仕勇　作

②剧场：这个剧场也是使用 3ds max 建模、Lightscape 渲染、Photoshop 完善的。在设计时，墙面、顶棚结合声学的功能要求，造型的整体感强，强调了节奏和韵律的对比。在制作剧场模型时应该注意弧形吊顶，并且在创建时应该确定同一个圆心点，使用二维曲线编辑完成。其好处是同圆心好定位，在进行弯曲时不会出现偏差。使用二维曲线的原因是便于修改，由于剧场的桌椅比较多，选用的桌椅也应先优化。布置的时候将摄像机看不到的桌椅删除，做到最大程度的简化来减少渲染时的负担。创建摄像机时，视点偏重于舞台，突出重点要表现的方面。在光线的处理上，使用灯光营造剧场的氛围。根据不同的造型设置不同光源的性质。在渲染时应注意灯光强度的分配，不要过于强化舞台的照明而忽略观众席的光照。顶部的侧反光使用面光源，也可使用线光源，两者在照度和效果上有所区别，所以要因情况使用，合理利用它们的长处，使灯光产生均匀的过渡。合理的灯光设置既能使剧场的设计达到真实效果，又能较清晰地表现各部位的造型（见图 5-11 ）。

图 5-11　某剧场设计　王昱辰　作

③开敞办公：这是一个大型敞开办公空间，工作性质是以电脑为主，因此顶部的灯光设计均采用上反射光。这个空间的制作方式同上面两张图所使用的软件是一样的。建模时仍然要注意模型的优化。因为只有模型的面数少了，渲染的速度快了，你才有时间去做更好的效果。所以模型面数的多少同样会影响到渲染的质量。摄像机应选择在一组桌椅的前面，将其放在摄像机的重点位置上，也是应注意不要正视，使摄像机同物体之间产生角度。摄像机镜头的数值一般都设在 35 ～ 24 之间，特殊情况也可调整到 20 左右，但是要注意物体的变形情况，尽量不要低于 20。但具体的设置要根据实际需要确定。在这张图里日光和灯光都有相当大的比重。场景的采光很好，渲染以日光为主，其他光线为辅。要控制好其光的亮度和材质的反射数值。这样才能够表现出较好的画面效果（见图 5-12 ）。

图5-12　某公司敞开办公空间　王昱辰　作

④办公前厅：该作品为办公楼前厅，为两层共享，入口侧外墙为玻璃幕墙。在设计上以简洁有力的造型体现该企业的整体实力与精神面貌。弧形顶棚造型既突出了该企业与海洋相关的行业特色，又起到了空间上的柔化作用。整体色调为浅灰色，庄重大方。画面中特别强调了室外阳光的效果，光线的整体性较好，设置灯光时以阳光为主，色调不可过重，数值不易太强，否则室内灯光就会被弱化。阳光照射角度要设置恰当，角度不宜过大，也不宜与模型垂直，这样能产生较好的投射角度。在材质处理上，由于有较多的石材，所以应有目的和有选择性地调整材质的反射值，以恰当地表现石材的光感和材质的真实感（见图5-13）。

⑤会所餐厅：该作品是某高尔夫会所的餐厅空间。整体风格体现自然、纯朴、文雅的氛围。空间中的木制装饰，构成空间结构的主体。顶部的垂挂装饰柔化了空间，增添了浪漫与温馨。地面的仿古砖与白色乳胶漆墙面，营造出轻松与自然的气氛。白色桌布与深绿色桌椅，为平静的空间增添了一丝灵性。该作品在灯光上主要围绕着空间中的造型来设置，以灯光来强化形体的变化和材质特征，充分体现出各种材质的感染力，使各部位的视觉语言非常生动（见图5-14）。

⑥会议室：该会议室空间以暖色为主调，画面构图完整，大方典雅，尤其是灯光处理很好地烘托出会议空间的氛围。顶棚的暗装侧反灯既满足功能需求，又很好地起到了突出顶棚空间层次、增强虚拟高度的作用。墙面造型采用非常有秩序的竖向装饰，典雅大方。在灯光设置过程中，为避免物体背光面太黑，以辅助灯光有效地塑造出物体暗部的色彩变化。顶棚侧反光的设置不宜过强，灯光的亮度分配由中间向四周逐渐减弱。另外，该场景是暖色调，各部位的灯光设置及色彩变化均能达到较协调的效果，使画面色彩柔和统一（见图5-15）。

图 5-13　某办公楼前厅设计　　王昱辰　作

图 5-14　某高尔夫会所餐厅　　苏楠　作

图 5-15　某公司会议室设计　苏楠　作

　　一幅优秀的计算机表现图，是设计师对计算机软件功能的熟练掌握和充分发挥，同时也是设计师良好的艺术修养和专业技能的综合体现。如图 5-16～图 5-19 所示为某公司的整体设计，包括接待台、经理办公室、会客厅、培训区的设计图。总之，对计算机软件的掌握和熟练操作，还需要专门的学习和磨练。

图 5-16　某公司接待台设计　廖方方　作

图 5-17 某公司经理办公室设计 廖方方 作

图 5-18 某公司会客厅设计 廖方方 作

图 5-19　某公司培训区设计　廖方方　作

主要参考书目

[1]   张举毅.建筑画［M］.北京：中国建筑工业出版社，2004.

[2]   张绮曼，郑曙旸.室内设计资料集［M］.北京：中国建筑工业出版社，1991.

[3]   刘铁军，杨冬江，林洋.表现技法［M］.北京：中国建筑工业出版社，1996.

[4]   杜海滨.设计与表现——产品造型设计预想图［M］.沈阳：辽宁美术出版社，1997.

[5]   刘宇，马振龙.现代环境艺术表现技法教程［M］.北京：中国计划出版社，2005.

[6]   杨健.家居空间设计与快速表现［M］.沈阳：辽宁科学技术出版社，2002.

[7]   罗启敏.美国最新室内透视图表现技法［M］.台北：新形象出版公司，1990.

[8]   陈易，庄荣，左琰.室内设计作业［M］.上海：同济大学出版社，1998.

[9]   冯安娜，李沙.室内设计参考教程［M］.天津：天津大学出版社，1998.

[10]   俞雄伟.室内效果图表现技法［M］.杭州：中国美术学院出版社，1995.

[11]   郑孝东.手绘与室内设计［M］.海口：南海出版公司，2004.

[12]   中国美术学院环境艺术系.室内设计基础［M］.杭州：中国美术学院出版社，1990.

[13]   唐文.建筑室内外设计徒手表现技法［M］.北京：机械工业出版社，2005.

[14]   吕琦.建筑与景观的设计表达——麦克笔手绘技法与实例［M］.北京：中国计划出版社，2005.

[15]   陈伟.马克笔的景观世界［M］.南京：东南大学出版社，2005.

[16]   周洪，文增柱，李志刚，等.建筑设计绘画技法［M］.沈阳：辽宁画报出版社，1994.

[17]   符宗荣.室内设计表现图技法［M］.北京：中国建筑工业出版社，1996.

[18]   秉利，方方，苗壮，等.当代室内设计表现图精选［M］.哈尔滨：哈尔滨工业大学出版社，1996.

[19]   宋季蓉，温颖.马克笔手绘表现技法［M］.北京：机械工业出版社，2006.

[20]   张福昌.室内设计表现技法［M］.北京：中国轻工业出版社，1997.

[21]   韩宇翙，王衍祯，邱晓葵，等.美术基础——建筑画［M］.北京：中国建筑工业出版社，2006.

[22]   陈红卫.陈红卫手绘［M］.福州：福建科学技术出版社，2006.

[23]   田原.室内外效果图表现技法［M］.北京：中国建筑工业出版社，2006.

[24]   彭一刚.建筑绘画及表现图［M］.北京：中国建筑工业出版社，1999.

[25]   陈红卫.手绘效果图典藏——手绘效果图表现技法及作品欣赏［M］.北京：中国经济出版社，2003.

[26]   俞进军.建筑水彩画技法［M］.北京：中国建材工业出版社，2003.

[27]   孙佳成.室内环境设计与手绘表现技法［M］.北京：中国建筑工业出版社，2006.

[28]   董蕻，王强.室内设计手绘快速表现［M］.上海：上海人民美术出版社，2007.

[29]   赵国斌.室内设计（手绘效果图表现技法）［M］.福州：福建美术出版社，2006.

[30]   王爽，盖晶晶.室内表现图技法［M］.北京：中国林业出版社，2006.

[31] 《建筑画》编辑部 . 中国建筑画选［M］. 北京：中国建筑工业出版社，1991.

[32] 郭去尘 . 设计·表现——郭去尘室内设计表现图集［M］. 济南：山东美术出版社，1997.

[33] 李维立，邹明，李沙 . 国内优秀室内室外设计作品图集第三辑［M］. 天津：天津大学出版社，1995.

[34] 秦默，李维立，李沙，等 . 优秀室内外设计表现与施工图集第一辑［M］. 天津：天津大学出版社，1997.

[35] 李维立，鞠国强，孙礼军 . 国内优秀室内室外设计作品图集第二辑［M］. 天津：天津大学出版社，1994.

[36] 张奇 . 建筑室内外效果图［M］. 上海：上海人民美术出版社，2007.